海上絲綢之路基本文獻叢書

海錯百一録

〔清〕郭柏蒼 輯

文物出版社

圖書在版編目（CIP）數據

海錯百一録 /（清）郭柏蒼輯． -- 北京 ：文物出版社，2022.7
（海上絲綢之路基本文獻叢書）
ISBN 978-7-5010-7660-4

Ⅰ．①海… Ⅱ．①郭… Ⅲ．①海産品－介紹－福建－清代 Ⅳ．①S922.57

中國版本圖書館 CIP 數據核字（2022）第 097162 號

海上絲綢之路基本文獻叢書

海錯百一録

輯　　者：〔清〕郭柏蒼
策　　劃：盛世博閱（北京）文化有限責任公司

封面設計：鞏榮彪
責任編輯：劉永海
責任印製：王　芳

出版發行：文物出版社
社　　址：北京市東城區東直門内北小街 2 號樓
郵　　編：100007
網　　址：http://www.wenwu.com
經　　銷：新華書店
印　　刷：北京旺都印務有限公司
開　　本：787mm×1092mm　1/16
印　　張：15.875
版　　次：2022 年 7 月第 1 版
印　　次：2022 年 7 月第 1 次印刷
書　　號：ISBN 978-7-5010-7660-4
定　　價：98.00 圓

總緒

海上絲綢之路，一般意義上是指從秦漢至鴉片戰争前中國與世界進行政治、經濟、文化交流的海上通道，主要分爲經由黄海、東海的海路最終抵達日本列島及朝鮮半島的東海航綫和以徐聞、合浦、廣州、泉州爲起點通往東南亞及印度洋地區的南海航綫。

在中國古代文獻中，最早、最詳細記載『海上絲綢之路』航綫的是東漢班固的《漢書·地理志》，詳細記載了西漢黄門譯長率領應募者入海『齎黄金雜繒而往』之事，書中所出現的地理記載與東南亞地區相關，并與實際的地理狀况基本相符。

東漢後，中國進入魏晋南北朝長達三百多年的分裂割據時期，絲路上的交往也走向低谷。這一時期的絲路交往，以法顯的西行最爲著名。法顯作爲從陸路西行到印度，再由海路回國的第一人，根據親身經歷所寫的《佛國記》（又稱《法顯傳》）一書，詳細介紹了古代中亞和印度、巴基斯坦、斯里蘭卡等地的歷史及風土人情，是瞭解和研究海陸絲綢之路的珍貴歷史資料。

隨着隋唐的統一，中國經濟重心的南移，中國與西方交通以海路爲主，海上絲綢之路進入大發展時期。廣州成爲唐朝最大的海外貿易中心，朝廷設立市舶司，專門管理海外貿易。唐代著名的地理學家賈耽（七三〇～八〇五年）的《皇華四達記》記載了從廣州通往阿拉伯地區的海上交通『廣州通夷道』，詳述了從廣州港出發，經越南、馬來半島、蘇門答臘半島至印度、錫蘭，直至波斯灣沿岸各國的航綫及沿途地區的方位、名稱、島礁、山川、民俗等。譯經大師義净西行求法，將沿途見聞寫成著作《大唐西域求法高僧傳》，詳細記載了海上絲綢之路的發展變化，是我們瞭解絲綢之路不可多得的第一手資料。

宋代的造船技術和航海技術顯著提高，指南針廣泛應用於航海，中國商船的遠航能力大大提升。北宋徐兢的《宣和奉使高麗圖經》詳細記述了船舶製造、海洋地理和往來航綫，是研究宋代海外交通史、中朝友好關係史、中朝經濟文化交流史的重要文獻。南宋趙汝適《諸蕃志》記載，南海有五十三個國家和地區與南宋通商貿易，形成了通往日本、高麗、東南亞、印度、波斯、阿拉伯等地的『海上絲綢之路』。宋代爲了加强商貿往來，於北宋神宗元豐三年（一〇八〇年）頒佈了中國歷史上第一部海洋貿易管理條例《廣州市舶條法》，并稱爲宋代貿易管理的制度範本。

元朝在經濟上採用重商主義政策，鼓勵海外貿易，中國與歐洲的聯繫與交往非常頻繁，其中馬可·波羅、伊本·白圖泰等歐洲旅行家來到中國，留下了大量的旅行記，記録元代海上絲綢之路的盛况。元代的汪大淵兩次出海，撰寫出《島夷志略》一書，記録了二百多個國名和地名，其中不少首次見於中國著録，涉及的地理範圍東至菲律賓群島，西至非洲。這些都反映了元朝時中西經濟文化交流的豐富内容。

明、清政府先後多次實施海禁政策，海上絲綢之路的貿易逐漸衰落。但是從明永樂三年至明宣德八年的二十八年裏，鄭和率船隊七下西洋，先後到達的國家多達三十多個，在進行經貿交流的同時，也極大地促進了中外文化的交流，這些都詳見於《西洋蕃國志》《星槎勝覽》《瀛涯勝覽》等典籍中。

關於海上絲綢之路的文獻記述，除上述官員、學者、求法或傳教高僧以及旅行者的著作外，自《漢書》之後，歷代正史大都列有《地理志》《四夷傳》《西域傳》《外國傳》《蠻夷傳》《屬國傳》等篇章，加上唐宋以來衆多的典制類文獻、地方史志文獻，集中反映了歷代王朝對於周邊部族、政權以及西方世界的認識，都是關於海上絲綢之路的原始史料性文獻。

海上絲綢之路概念的形成，經歷了一個演變的過程。十九世紀七十年代德國地理學家費迪南·馮·李希霍芬（Ferdinad Von Richthofen，一八三三～一九〇五），在其《中國：親身旅行和研究成果》第三卷中首次把輸出中國絲綢的東西陸路稱爲『絲綢之路』。有『歐洲漢學泰斗』之稱的法國漢學家沙畹（Édouard Chavannes，一八六五～一九一八），在其一九〇三年著作的《西突厥史料》中提出『絲路有海陸兩道』，蘊涵了海上絲綢之路最初提法。迄今發現最早正式提出『海上絲綢之路』一詞的是日本考古學家三杉隆敏，他在一九六七年出版《中國瓷器之旅：探索海上的絲綢之路》中首次使用『海上絲綢之路』一詞；一九七九年三杉隆敏又出版了《海上絲綢之路》一書，其立意和出發點局限在東西方之間的陶瓷貿易與交流史。

二十世紀八十年代以來，在海外交通史研究中，『海上絲綢之路』一詞逐漸成爲中外學術界廣泛接受的概念。根據姚楠等人研究，饒宗頤先生是華人中最早提出『海上絲綢之路』的人，他的《海道之絲路與昆侖舶》正式提出『海上絲路』的稱謂。選堂先生評價海上絲綢之路是外交、貿易和文化交流作用的通道。此後，大陸學者馮蔚然在一九七八年編寫的《航運史話》中，使用『海上絲綢之路』一詞，這是迄今學界查到的中國大陸最早使用『海上絲綢之路』的人，更多地限於航海活動領域的考察。一九八〇年北京大學陳炎教授提出『海上絲綢之路』研究，并於一九八一年發表《略論海上絲綢之路》一文。他對海上絲綢之路的理解超越以往，且帶有濃厚的愛國主義思想。陳炎教授之後，從事研究海上絲綢之路的學者越來越多，尤其沿海港口城市向聯合國申請海上絲綢之路非物質文化遺産活動，將海上絲綢之路研究推向新高潮。另外，國家把建設『絲綢之路經濟帶』和『二十一世紀海上絲綢之路』作爲對外發展方針，將這一學術課題提升爲國家願景的高度，使海上絲綢之路形成超越學術進入政經層面的熱潮。

與海上絲綢之路學的萬千氣象相對應，海上絲綢之路文獻的整理工作仍顯滯後，遠遠跟不上突飛猛進的研究進展。二〇一八年厦門大學、中山大學等單位聯合發起『海上絲綢之路文獻集成』專案，尚在醖釀當中。我們不揣淺陋，深入調查，廣泛搜集，將有關海上絲綢之路的原始史料文獻和研究文獻，分爲風俗物産、雜史筆記、海防海事、典章檔案等六個類別，彙編成《海上絲綢之路歷史文化叢書》，於二〇二〇年影印出版。此輯面市以來，深受各大圖書館及相關研究者好評。爲讓更多的讀者親近古籍文獻，我們遴選出前編中的菁華，彙編成《海上絲綢之路基本文獻叢書》，以單行本影印出版，以饗讀者，以期爲讀者展現出一幅幅中外經濟文化交流的精美畫卷，爲海上絲綢之路的研究提供歷史借鑒，爲『二十一世紀海上絲綢之路』倡議構想的實踐做好歷史的詮釋和注脚，從而達到『以史爲鑒』『古爲今用』的目的。

凡例

一、本編注重史料的珍稀性，從《海上絲綢之路歷史文化叢書》中遴選出菁華，擬出版百册單行本。

二、本編所選之文獻，其編纂的年代下限至一九四九年。

三、本編排序無嚴格定式，所選之文獻篇幅以二百餘頁爲宜，以便讀者閱讀使用。

四、本編所選文獻，每種前皆注明版本、著者。

五、本編文獻皆爲影印，原始文本掃描之後經過修復處理，仍存原式，少數文獻由於原始底本欠佳，略有模糊之處，不影響閱讀使用。

六、本編原始底本非一時一地之出版物，原書裝幀、開本多有不同，本書彙編之後，統一爲十六開右翻本。

目録

海錯百一録

海錯百一録

五卷

〔清〕郭柏蒼 輯

清光緒十二年刻本

閩海濱人於海族有終身未見未聞者飛潛動植陸之
所產海多有之稍異其狀而大焉狀同矣而名異名與
狀皆同而作用又異蓋水有鹹淡之殊複有潮汐往來
清濁淵雜之别網罟弗及得盡其天年前後數千載海
族將愈不可量矣説者遂因而無稽之蒼海濱人以數
十年所見者證之老漁老漁所見者粗細必記不厭其
鄙又以老漁所聞者證之諸書諸書同亦録之存其名
備其説使音與義合其因音訛而訓背者皆從删閾惟
福州福甯音同其他彼此行越宿則喁喁然不知所謂

豈但浙粤人不辨閩語閩人且不辨閩語故一物恆數名一物且數志有見其物不知其名有詢其名忽悟其物記載之書如三山志八閩通志閩書或紀全閩或紀一郡焉能獨詳物產即王世懋閩部疏屠本畯海錯疏非閩人又焉能盡通閩產且講求筆法俚鄙之言不入捃摭故其為書亦復有限且習者多同異者各別否則異者愈異而習者忽矣古人多識於鳥獸草木之名曰多識則不拘細大矣周禮覆夭鳥之巢驅水蟲去鼃黽焚牡鞠若於政體無關紀其大不遺其細者乃備物致

用於無極之意也凡物命名之始必有取義義之從同者衆乃共稱久之舍其義以叶音求其雅以免俗衆人所共知共聞者書不之載所不知不聞者乃鑿鑿焉就一人口舌之好而稱美之因其物氣味之偏而抑置之援引多端覽者莫得確據而於物類之性烹調之法則闕焉閱者復何所取蒼少壯時覺海物壓市近粵人設食館烹鮮則取其豐腴而棄其咀嚼貨者多歸焉城市不得美品瀕海各澳輪舟來往轟擊不甯小魚且遠遁漁利不及昔時十之二三矣池館深寂錄成五卷記漁

記魚記介記殼石記蟲記鹽記菜皆以閩語爲目而釋之末附記海鳥海獸海草雖稍違海錯之例然亦不越閩海以求博異閒有以他事隨筆附入者欲以一知半解告人、不免畫蛇添足之誚云爾

光緒丙戌秋日郭柏蒼序於閩山柳湄小榭

海錯百一錄目錄

卷一 記漁 記魚

漁船名目 ⿰石龜 艋 網 急網 縺 緝 罩

釣 步取

海鰍 鯊魚 鮚仔 黃花魚 附黃鰆畫 鰆橫攤排 鯩魚

鮫子 鯧魚 附黃蠟樟 鯧扁鎗魚 牛魚 蜈魚 鰣魚

附鰶 魚 海鰉 黃魚 附柴 鰶 比目魚 附側目魚側 口魚扁魚

鰈 沙 附鱟 戟匣 鰮 鯷 附硬尾鯷白麻魺淡魺 黃鯪魺臺灣魺熟魚

青鯪 過臘 附赤 鬃 烏頰魚 黃鱨魚 黃乡魚

方頭魚　鯆魚　黃炙魚　毒魚　白澤魚　黃爵
魚　斑車魚　訓鯯魚　麻蝨目　鰗魚　海鰇
海鱸　海鮚附潮鮚　海鯽　海鰡　鰺魚　鯢魚
魣魚　烏魚　鮐附魣魚寒鯔青魚　鯊　蛱蝶魚　旗
魚　鯷魚　鱸魚　念鰔　鹿角魚　鸚哥魚　龍
占魚　印魚　連刺魚　刺魚

海錯百一録卷一

侯官郭柏蒼蒹秋輯

記漁

漁船名目　海人討海之船（以漁為生者名討海）名目不一曰竹編綱船曰旋編船曰竹編艙船曰拖釣綱船曰手搖釣船漁者各有其技各乘其船各取其魚非一船能取諸魚也（江河之魚春夏浮而遡流秋冬沒而順流有鱗之魚好遡流海水豬而不動故漁者視風為度惟恐魚不避風潮）

硥　砌石海旁而曲折之而玲瓏之曰硥亦曰扈潮退

硊乾發發然揀入籃筐旦旦不竭也又有名杆插扈者以竹作扈爾雅椮謂之涔今海濱以雜木亂植使魚息而取之即爾雅注所謂槮也陸龜蒙漁具詠序列竹於海澨曰滬是矣（䋸硊二字見郭樂村詞譜）又有名竹箔者其狀如簾使魚為水所止不得脫

䋸　大網也大者高二丈許廣百餘丈擣荔支木或龍眼木煮汁染之不濡易晾大網值數十金攷字書無䋸字海鄉質庫質者皆作䋸下䋸之法延袤豎竹杠視䋸懸搖動（懸䋸上浮木也）則水滿而魚入矣以艚（小船）打鑼

魚聞鑼聲匿絚中收絚而魚得矣又有乘小艇時收時放者名曰罾陸龜蒙詩雖然煩取舍未肯求津要是也

網

網製不一名亦各異曰牽絲運網曰沿岸撒網曰拖沙連網曰方網曰插竹不繫網曰網斗曰扞揪小網漁人之技不同故所用之具亦異

急網

以破絚裁成高尺餘横圍數丈兩端綴繩衆人分執沿淺流曳之疾走掩其不備傍岸拾取

縺

縛魚網也似簾以小艇黑夜流縺於海中吞舟之

魚一人可縛

緝 小罟也沈海淑淺水中別用長繩屬草繙其腹作水鳥鶱鶱狀以蚶殼定之半沈自遠而近沿灘有聲魚見影聞聲驚遁緝中亦有以緝曳而撞之名撞緝

罩 從高而下取魚之具爾雅篧謂之罩注捕魚籠也以竹為之曰沿岸攀罩以繩起伏取之曰手罩隨手罹之

釣 放釣之法截竹為筒縋索索間橫懸釣絲或百或數十相距各二尺許先用竹籥布釣理蝌其中或蚯

蚓或蝌斗或帶魚尾投其所好也亦名浮釣與手釣異手釣以蠅獨釣也

步取　即捕魚也沿流步而取之潮退隨緝者亦稱步取

記魚

海鰍 俗字作鰌　海魚之最大而性惡者 有絚得小海鰍者色黑掘健絚中 水經注海鰌魚長數千里穴居海底入穴則海水為潮出穴則潮退嶺海異聞海鰌長者亘百餘里壯蠣聚族其背曠歲之積崇十許丈鰌負以游鰌背平水

即壯蠣峰屼如水面山矣舶猝遇之如當其首輙震以銃砲䲭驚徐徐而沒猶漩渦數里舶顛頓久之乃定人始有更生之賀蓋覩甚奇而災甚切也南部新書載廣州有魚行海面經歲始竟首尾當亦鰍屬海東扎記海翁魚即海鰍也大者三四千斤皮生沙石刀箭不入鹿耳門沙岸有自殭者肉粗不可食人割取其膏資燃釭焉或言口中噴涎常自爲吞吐有遺於海濱者黑色淺黄色不一即龍涎香也聞上淡水有之云可止心痛助真氣欲辨真贋研入水攪之浮

水面如膏以口沫撚成丸擲案有聲噙之通宵不耗分毫者為真周亮工書影龍涎香真者雨中焚之輒熇爆有聲以此為驗京師一老中貴為予言每兩值數十金鹽其名者每於臺是徵然此地實罕有仍購諸洋估所販者無益之物為累如此節錄嶺海續聞南巫里洋之中有龍涎嶼當春明景和羣龍來集於上交戲而遺涎沫夷人採之歸市番舶其香若脂膠黑黃色聞之頗覺魚腥能收歛腦麝清氣雖經數十年不變以少許和香焚之凝結不散蒼曾祖乾隆聞從粤東購買一塊正與嶺海續聞相合惟其中瑣瑣通氣竅少許焚之又從爐底取出屢焚則色黑

節錄閩大記海鰌最巨能吞舟日中閃鬐鬣若簸朱旗遒健好動故名鰌閩中海錯疏海鰌噴沫飛灑成

雨其來也形如山嶽乍出乍沒三山志云舟人遇之
必鳴金鼓以怖之布鹽米以厭之鰌則倏然而沒不
然則害舟閒有斃者土人梯而臠之刳其脂為油可
灰船（和灰艌船也）蒼閩興化湄州界外前百年天后誕時
每有海鰍閣沙嶼閒土人以巨木搘其齒以火灰糝
其舌數十百人荷擔執刃劍取其腦以祭煎其膏燃
釭鰍若無關痛癢六時潮滿乘流而逝海上大魚過
能蔽日晝見星斗亦名笪日見書影

鯊魚 即海鯊胎生福州呼鰗鯊青目赤頰背上有鬣

腹下有翅四時皆有南風乃盛種類極多宜為膾或
切絲和肉絲拌薑醋再取其湯切芥藍菜為羹亦美
品海族志云以其皮如沙故名種不一有胡鯊青色
背上有沙大者長丈餘小者三五尺鼻如鋸蒼按亦有上唇
長三四尺齒如鋸者皮可縷為膾羹以為脩可充方物蒼按即鯊鯗
鮫鯊似鮫而鼻長皮可飾劍靶蒼按海有毒魚皮作磋尤利俗呼
錦魟蒼按鮫鯊青斑身長錦魟乃黃魟詳錦魟條下劍鯊尾長似劍嶺海續閩海鯊
有變為虎者具見前說又有一種劍鯊俗呼為鋸鯊云其大者鼻銜長丈餘闊尺許黃黑色其直似劍其
旁排列戟刺捷業如鋸齒然力能破舟裂網橫行海中羣魚遠避稍不及即磔而食之莫敢攖其銜也

虎鯊頭凹而身有虎文蒼按能噬人手足鮈鯊頭如狗頭蒼按頭大上有烏赤點黃鯊好食百魚大者五六百觔時鯊有肉無腹大者剞其肉多油可咬可燃蒼按身刀尾長似蝦即油鯊帽紗鯊兩邊有皮如帶帽出入鯊初生隨母浮遊有警從母口中入腹須臾復出蒼按鯊初生皆出入母腹如雛之隨母稍長自散俗呼阿娘魚稗海紀遊云鯊魚胎生市得一魚可四五斤用佐午炊庖人剖腹一小魚從中躍出更得五六頭投水中皆遊去吳錄鯌魚子生後朝出索食暮皆入母腹中酉陽雜俎曰出從口入從臍吹鯊大如指狹圓而長身有黑點嘗張口吹沙味甚美蒼按所云吹沙即詩鱨鯋之鯋非海鯋也詳卷二跳魚條下秦王鯊蒼按秦王鯊有甲如貝殆因諸

書多載其事因附會名之蒼從海邑所見尚有烏翅鯊口闊即烏
鰭鯊頰尾皆黑雙髻鯊頭如木拐圓頭鯊能食人犁
頭鯊頭如犁鼠蜡鯊皮白齒如梳蛤婆鯊泉州呼夾
鯊口闊尾尖泥鰍鯊口尖龍文鯊皮上有黑點白圈
扁鯊烏鯊黄鯊白鯊淡鯊大鯊其最美者乃龍文鯊
其翅尤美即對翅也最下者曰乞食鯊肉粗皮可飾
鞘凡鯊以肉白而紫紋少者為上味惡而紫紋多者
統呼彭鯊斯下矣六書故曰鯊魚大者伐之盈舟蒼
見海村以鯊魚脊節為臼不止盈舟也出水時不辨

種類不論大小皆臭同溲溺煨土中亘晝夜乃發而貨於市切為膾勝他魚而遜於鰻與鱘盛暑經兩日不餲磨其皮染以石綠飾鏡囊劍櫝其鬛即魚翅腹下之翅名對翅鯊魚大者三月末於沙岸曝鬐亂滾即變為鹿其肉作脯味仍如鯊虎鯊則變虎蓋之亦鯊味閩書鯊魚一名鮫一名鰒一名鮨一名鰌圖經曰鯊魚今南人但謂之鯊

鮚仔　鯊魚類也亦胎生四足皮淡紅長二三尺不等孕者剖其胎胎中又有胎春末至秋初皆有之為膾

易成氣惡勿多食

黃花魚　即鯼也遯齋閒覽石首魚頭上有石可治為器載飲食如遇蟲毒器必爆裂者非是口紅鱗黃頭大而無腦二石相並如齒者即腦也秋冬黃盛者肥美用釣者名鷺釣黃花為膾宜麤不宜精爾雅異名鯼頭大尾小無大小腦中俱有兩小石如玉鰾可為膠鱗黃璀璨可愛一名金鱗朱口厚肉極清爽不作腥蒼按閩中或呼黃瓜瓜花音之譌又有朱口細鱗長五六寸亦名小黃瓜一名黃䱛三山志作黃魚即黃䱛釘與黃花魚異稍大者名畫䱛黃花風日烈則曝為鯗

本草乾者名鯗魚亦作鮝李時珍曰鯗能養人人恒想之故字從養羅願云諸魚薨乾者皆為鯗其美不及石首故獨得專稱以白者佳故呼白鯗若露風則變紅色失味也（鯗久即黝獨黃花變紅康熙字典引吳地記闔閭入海會風浪糧絕不得渡王拜禱見金色魚逼而來吳軍取食及歸會羣臣思海中所食魚所司云暴乾矣索食之甚美因書美下著魚為鯗字）又一種小於黃花色淡黃者春夏之交遇南風排山而至數里外喀喀然其聲震天施大絙數十人登岸曳之魚多人力不及則魚絙並沉急割絙而棄其半每絙恆數千尾名曰横攤（排）言其如木排之

横攤而至也其魚視驚釣者多遯矣此魚之赴刲而至也其理不可解或云洋山魚能鳴網師以長竹筒插水聽之聞其鳴則下網即指此

鯩魚 似黃花魚而差大鱗細其首亦兩齒相並如石斫為膾宜鱻與黃花魚畧同桉古無鯩字今海人呼敏音八閩通志閩中海錯疏俱作鯩集韻鰵音慜海魚名也海錯疏鰵身類鱸石首口闊肉粗腦骨脆而味美大者長丈許重百餘斤四明諺云甯可棄我三畝稻不可棄我鰵魚腦四明所稱鰵魚疑即閩海之鯩魚但鯩魚小於鰵魚耳釣鯩魚者鉤之倒刺在前釣黃花者鉤之倒刺在後諺曰鯩魚好進又不進黃花好退又不退言鯩魚進黃花退皆可脫鉤而

海錯百一録 卷一

遁魚癖不同鈎與蚶亦各異

鮻子　似黄花魚而色黯似鰫魚而口尖殆黄花鰫魚相感而生者故名鮻子味遜於鰫

鯧魚　似鯿而鱗特小白色皮細者肉嫩曰斗底皮厚者肉粗曰蓮房小者曰子鯧味饕集韻鯧鯸魚名正字通鯧生南海似鯿頭上突起連背身圓肉厚只一脊骨輭可食閩中海錯疏鱗板身口小項縮肥腴少鯁小者形扁曰鯧又小者形圓曰斗底又（黄蠟檯）亦鯧也鱗金點而差厚小者名曰（鯧鯿）以其好交羣魚

若娼然故名又曰鯧遊羣魚隨之食其涎沫有類於
娼又曰昌美也又有鎗魚身扁色紫無鱗以其首鋭
腹廣細如鏢鎗故名海錯疏以鯿魚為鯧魚按鯿魚
有黑白二種尾如燕形扁而闊集韻鱸鯿魚名集韻
分鯧鯸鱸鯿為二魚則鯧非鯿明矣蒼按凡魚孕子
者魚男感氣追逐爭咬其子鯧魚帶子時一緼所得
多牡魚是知其雜羣牡曰鯧者賤之也

牛魚　北方名鰗南方為鱓海產者背長鱗鯁頭有肥
骨重百斤小者七八尺綱目云南海有牛魚重三四

百斤又本草載牛魚無毒主治六畜疾疫作乾脯為
引以水和灌鼻即出黃涕亦可置病牛處令氣相熏
閩書牛魚尾如牛尾味美在肝俗呼鮇魚口在腹下無鱗軟骨紫黑色尾長於身毒能螫人閩書誤以魟魚為牛魚以其尾似牛尾也臺灣志牛尾魚狀伯牙如牛尾無鱗身亘如條黑色則又非鮇魚矣
海上鼓琴鱘魚出聽是也博物志所云牛魚目似魚
形如犢子剝皮懸之潮水至則毛起去則毛伏乃海
牛產外洋與此異

蜈魚　產臺灣海東札記俗呼海豎頭似豬大者千餘
斤小亦五六百斤常於海面躍起高丈餘噀水為雪

漁人見之輙避福州興化亦產

鰣魚　皆產於鹹淡水又有似鰣魚而鱗小者曰鰶魚又名青鯽亦名青鱗冬月得者味脥

海鰉　嶺海異聞鰉有二種常鰉類鰣魚而小河海皆產也海鰉身首差短歲二八月羣至數百騰於沙與移時化為鳥俗呼火鳩是也海濱居民候其上也譟而驚之化者纔十五鱗鬣全不開者不全化矣居人鱔者市者瀕海皆足互見卷五火鳩條下

黄魚　身扁薄多鯁多油醃食可口福州呼油鰶背上

無鼠者為紫鯵次之

比目魚　狀如牛脾紫色鱗細一眼爾雅名鰈不比不行正字通比目魚名版魚俗改作鮁段氏北户錄謂之鰜鰜兼也吴都賦謂之魪言相介也皆不比不行之意上林賦謂之魼鰈猶䱍也閩呼泥鞋魚廣名鞋底魚臨海志名婢簁臨海風土記名奴屩南越志名版南方異物志名箬葉則皆狀其形耆在海濱以此為常瞉緝者多單得乃受氣之偏非不比不行也八閩通志比目江淮謂之拖沙魚俗呼為皁末魚海中尚有側日魚側口魚又

有扁魚形極扁雙目好對對行凡池魚大者先行小者次之小魚好羣遊扁魚好對行

鰈沙 即貼沙一名龍舌俗呼草鞋魚色淡白有脊骨無細鯁產於夏三山志鰈沙形扁性温浙人呼為箬魚淮泗謂之鞋底魚以江中者為美閩書鰈沙魚形扁而薄左目明右目晦眛又有鼇戥匣以形名無鱗肉細 古稱比目魚為魼為鰈為王餘魚云似牛脾今鰈沙絕似牛脾蓋誤以比目鰈沙為一魚也

鰛 字見閩中海錯疏及閩書 連江長樂皆有之似青鱗而少細骨六月無北風少晡時則多產骨輭者佳以鹽水醃隔

歲發香味食之扶土詔安銅山之鰮在海旁嗝東洋
土尤爲補脾閩人以此下飯不厭腥鰱外省見者呼
爲臭魚不敢近

鯷　又呼鯷鮯似鰮而無鱗醃法如鰮鰱勝於鰮而香
減味遜尾硬者莣之名硬尾鯷又白麻魺身扁薄淡
魺味饕勝於白麻魺圓鮻魺體圓厚而多肉臺灣魺
肉粗而價廉鰮鯷二魚用薄鹽炊之名曰熟魚鰮炊
者美鯷不及也單炊者美雙炊不及也長樂壺井江
田所產爲多壺井李姓江田陳姓舉族皆以討海爲

生其鄉富足諺云海水無門限言易富也壺井近亦
產鹽魚貨須陸行四十里至長樂縣河下裝載趕入
省會之大橋鄉頳以大魚聽魚客趕省（收魚裝筐以者為魚客）
熟魚等為小魚留為民食每於石尤嶺攔截

青鯪（據龍龕手鑑鯪應作鯥）福州呼青鯪仔長不及三寸眼赤
鱗小色青生於首夏油煎有香氣煮之則鮏

過臘　屠氏海錯疏頭類鯽牙類鱖又類鰱肉微紅味
美尾端有肉口中有牙如鋸好食蚶蚌臘來春去故
名過臘按福州呼棘鬣以其鬣如棘也興化呼橋鬣

以其鬣紅紫也泉州呼髻鬣又呼奇鬣味豐在首苩豐在眼十月蒸葱酒尤珍又有赤鬃大於棘鬣

烏頰魚　似過臘頰烏首亦兩石相並蓋其腦也當於大寒時取之按閩書金鱗此云金鱗指黃花魚烏頰石頭鱸首皆有石諸魚屬火而金鱗烏頰石頭鱸與鯽魚屬土可以療病

黃鰽魚　身小而薄其尾淡黃畧似過臘福州泉漳皆產土人呼黃翼志多誤鰽為穡

貝多魚　又名雞母魚鱗細黃赤色夏多產秋冬間得

之泉州呼雞魚帶鱗蒸透去鱗煮熟或米粉其味清腴烹者次之

方頭魚　即國公魚似過臘而頭方味勝之或呼芳頭魚言其頭芳也凡魚一身有特異於他魚者其美多在是

鰤魚　產鹹淡水長不盈尺濂浦螺州皆有之鱗薄身長尾短而黄背上一鬣腹下皆刺兩鬐短而白兩鬐黄而長鰓及於鬐按山海經敦水東流注于鴈門之水其中多鮪鰤之魚食之殺人本草即鯸鮐也與鮭

同蒼按亦河豚之類其肝勿食

黃炙魚　似鰳而小多鯁細鱗味似鰣魚惠安呼黃魚蒼按黃魚江河湖湘皆有之黃尾之類皆小魚也惟鱨大者二尺頰黃其膽春夏近下秋冬近上性浮而善飛躍江東呼黃鱨魚或呼黃頰魚海不產

毒魚　臺灣呼獨魚惠安呼鰢魚（按字書無鰢字）大如掌色微黑味似鯊魚其皮粗可磨木器諺曰春魟夏鰢秋冬白帶乘風而來無船可載

白澤魚　即白鬎福興泉漳皆產之海物異名記羣生

隨波潮縮在澤故曰白澤（福州呼水落為澤）

黃爵魚　產臺灣疑即福州海產之黃雀魚色淡黃形如鱟味美在首

斑車魚　圓身細鱗黃質黑斑名海斑車閩書背上有斑肉粗味腴大者三四百斤腹中有肚其味更美蒼按斑車肚炒食肥乾之名鯗魚肚大者二三斤愈大愈佳（江中溪中背有斑車其肚小而不肥）

訓鯯魚　板身多鯁而肥美異魚圖贊其美在頟即鮥也爾雅鮥當鮔注海魚也説文鮥當互也集韻似鯿

而大鱗肥美多鯁即鰽魚異物志鰽魚鰽鳥所化故
腹中有鳥腎二枚蒼按訓鰗亦稱鰗魚至肥炙食鮮
美諺曰甯去累世宅莫去鰗魚額是也
麻蝨目　身長鱗細四鬐塭中所産夏秋尤多臺灣以
為美品
鰇魚　又名鮚魚産臺灣鱗細脊腴味甘美春初由海
沿溪入内山其時長方徑寸每月長一寸至冬成尺
矣還自内山到海邊出卵而沒蓋飲淡水而成卵還
鹹水而出卵鳥魚則入鹹水而放子後引子歸淡水

凡魚生淡水者味多腴生鹹水者味多豐生鹹淡水者味豐而腴　福州六七月間每有所謂風颶者亘二三晝夜諺云六月防初七月防半是也凡潮汐所至之處風颶亦至焉其地皆稱斥鹵八九月潮壯時恆至洪山橋上百里之下岐風颶亦至下岐下岐以上即有颶風亦與風颶不同下岐大江通海潮汐至者勢也舉凡下岐以内至閩安二百里無數山嶺潮汐雖不通風颶所至其下亦皆斥鹵所産之魚無論在溪在㶁在池澤皆稱鹹淡水去海二百里以上其

魚迴異鰱草尤美

海鱖　形扁大口細鱗能食諸魚其肚尤美江湖所產者肉緊背有黑點與海異閩書鱖亦曰水豚鱖蹶也其體不能屈曲如僵蹶也其味如豚故名水豚蒼按溪鱖色蒼海鱖色黑爾雅翼曰皮厚肉緊特異常魚斑文鮮明者雄也稍晦昧者雌也凡魚雌雄不可辨者驗其兩鰓兩鰓點點者雄也魚病則鰓亦發白點

海鱸　狀類海鱖又似海鯔而有黑子能食諸魚蔪膾不鯹其肚尤美江河池澤產者肉細

海鮕（按字書無鮕字）色微黑形似草魚肉厚多油不論四時隨潮羣至一漁得則羣漁皆得鹹淡水者名潮鮕以暑月美凡海鮕潮鮕江鮕及池塘之鮕蛋腹中皆有二圓盂肥美海人呼為朌（按字書無朌字）

海鯽 骨鯁味遜於池鯽溪鯽而勝於江鯽湖鯽豫之淇鯽為天下最酉陽雜俎東南海中鯽魚長八尺食之宜暑而避風或云稷米所化故腹中尚有米色蒼按腹内有黃褐色其油也亦可食

海鰡 身圓口小骨輭生鹹淡水味美本草鰡魚似鯉

身圓頭扁骨軟生江海淺水中吳都賦鮻鯔琵琶注
鯔魚如鯇長七尺蒼按水族皆多雌而少雄鯔魚為
最凡水居鮮無子魚蠻子之類狹不容身子如雁鶩
鯔魚風定見網即匿俟水有粺紋以撞緝撞之或以
破絚倒影使入海套潮退圍之

鮬魚龍龕手鏡作⿰魚夆爾雅注鮬小魚也似鮒子而黑俗呼為
魚婢江東呼為妾魚蒼按鮬魚出甯德鼻在頭上土
人煎油燃缸而棄其肉與爾雅所訓小魚二物而同
名

鮸魚　色白身扁弱骨細鱗頭中白石二枚疑即諸書所稱石首魚正字通石首魚一名鮸生東南海中形如白魚扁身弱骨細鱗頭中白石二腹内白鰾可作膠蒼按鮸似鱸大者四五尺鱗細紫色無細骨肉粗

鮮魚　即午魚海錯疏鮮魚鱸之别種圓厚短感味豐興化漳州泉州皆有之閩書説文鰅魚名皮有文周成王時揚州獻鰅則鮮當作鰅閩書以鮮當作鰅不知何據

烏魚　似海鯔産臺灣身圓口小赤目細鱗似鰣魚冬至前後繖出由鹿仔港始次及安平大港後至瑯嶠

海跋（閩呼海濱為海跋）放子於石罅仍引子歸原港蓋如燕
之客而翼卵也冬至前捕得者為頭烏味肥美冬至
後捕得者為回頭烏則瘦矣以其子成片用薄鹽薧
之味豐漁人有自厦門澎湖伺其來時東渡採捕者
鳳山縣水餉有採捕烏魚旗九十四枝蓋縣印竪船
頭每枝徵銀一兩五分

鮐

史記貨殖傳鮐鮆千斤師古曰鮐海魚爾雅釋詁
鮐背疏老人皮膚消瘠背若鮐魚也烏獸草木攷台
鮐魚也生海中狀如蝌斗大者尺餘腹下白背上青

黑有黃文性有毒雖小獺及大魚不敢食之蒸者餘
之肥美今福清漳州甯德興化所呼魣魚閩書云魣
魚似烏魚而小身圓口小赤目細鱗味似鰣子月脂
膏滿腹尤佳一名鮐又名撥尾蓋魣魚之小者八閩
通志子魚似烏魚而小冬深子盈腹其味尤珍三山
志子魚身圓鬣小冬深盈腹皆子者作鹹肥美可充
方物蒼按子魚似烏魚頭尖冬月脂膏滿腹漸欲盈
子者最佳至春放子則瘦而無味僊遊縣志子魚子
月肥而甘美故名相傳僊遊楓亭海濱有進入太平

港者頴通三印可登俎王輩見閩近錄蔡君謨以子魚為天下佳味嘗遺先君多不過六尾所與者諫院二三故人而已其見重如此三山志稱作鹹可作方物信矣彭大翼山堂肆考王得臣麈史閩中鮮食最珍者惟子魚莆陽迎仙鎮有通應侯廟前水曰通應溪潮汐上下鹹淡水不相入迎仙橋港即通海何以鹹淡水不相入此處魚最美俗呼通應為通印者誤也閩中海錯疏鮹一名鯔一名鮐以至子月肥極故云其子尤佳莆田迎仙橋下潭所產極為珍味捫蝨新話仙遊仙遊應作莆田有通應侯廟其

下臨海出子魚甚美世呼通應子魚者記其所出也荆公詩遂誤用長魚俎上通三印東坡又以通印子魚對披綿黄雀此皆傳聞之誤蒼按子魚身小而圓長冬月肥一種呼寒鮉亦可口福州冬月偶得者皆指為鯀又有青魚似魣而差大又按海錯疏閩書皆稱魣魚為鮐魚貨殖傳鮐鮆千斤自非魣魚明矣蓋海人呼子魚為胎魚言其小而肉細也鳥獸草木攷稱其形如蝌斗亦不類

鮆 江魚也海亦有之説文鮆飲而不食刀魚也又名

鮤爾雅鮤鱴刀一名魛又名蔑刀魚一名鱭李時珍曰魚形如剃物裂蔑之刀故有諸名閩中海錯疏引山海經云食之可以已妬又云與石首皆以三八月出故江賦云鮻鮆順時而往還蒼按鮆出於夏子多而肥海人呼刀身狹長如彎刀顋下有長刺如麥芒其鯁微彎而利煎炙作鮓皆美入鍋則僵

蛺蝶魚　產臺灣淡水栩栩然蝶也

旗魚　又名破傘魚產臺灣色黑大者六七百斤小亦百餘斤背翅如旗鼻頭一刺長二三尺極堅利水面

毆魚如飛船爲所剌不能轉動揚鬐鼓鬣舟即沉沒
胃背閒肉陷如溝鬐翅斂而不見忽而怒張如支雨
蓋故亦名破傘魚
鰓魚　又呼白鰓多鯁似鰣魚而薄小閩書鰳魚似鰣
亦多鯁鰣侈口而圓脊鰳狹口而劍脊二魚之美皆
在腴本草勒魚出東南海中以四月至漁人設網候
之聽水中有聲則魚至矣有一次二次三次乃止甜
瓜生者用勒鮝骨插蔕上一夜便熟蒼按海產之白
鰓出於春末至暑漸減其狀與閩書所稱鰳魚本草

所稱勒魚正合海錯疏所稱鰳魚即與鰣魚同登之
鯯魚江溪皆產之三山志八閩通志及各郡縣志所
收水族多溷江海又按縊地海邊挂縊取魚之地取互相傳買名曰縊地取
白鱁者以縺縺如簾小網也白鱁羣至而挂網醃者
分次故名鱁分白鱁全鱁二種白鱁鹽多市於遠不
婀不美全鱁鹽薄市於近易婀乃美莆田林氏以其
祖先鯁死歲取白鱁數尾陳於神前木棍搗醢之

鱃魚 鱅也即鱮郭璞曰鱅似鰱而黑蒼按鱃江產也
海亦有之大頭細鱗目旁有骨八閩通志閩書皆云

雌生卵雄吞之成魚其卵如鱉卵大青色無鱗無字乃細字之誤首有枕去之乃不腥今福州呼松魚泉州呼成魚惠安呼鰔魚者是也正字通鱅海魚肉如彘山海經食水多鱅鱅之魚其狀如犂牛其音如彘鳴諸書皆以此魚為供鱃食故稱之為鱃為鱅性好旅行故从與俗云網魚得鱮不如啖茹賤之也蒼按鱮鰱弱與鱃稍異凡魚孕子感氣不同全形從牝異態從牡其皆無所從者則怪也如魚腹出手之類海魚有圓身黑鱗四鰓縮尾目在項下口在項上者不知其名得者棄之

念鰔按字書無鰔字似鱃魚而味腴海魚之絕美者但縕釣

罕得耳

鹿角魚　閩中記大者梓人用其皮以錯角海物異名記芒角特戴在鼻小者醃為鮓味甚佳大者長五六寸其皮可以錯角蒼按鹿角魚色蒼黝小者帶皮酢之大者索然矣蓋味在皮也興化稱小者為鯁鯕按李時珍本草引齊民要術云漢武逐夷至海上見漁人造魚腸於坑中取而食之遂命此名言因逐夷而得是矣藏器曰鯁鯕魚白也據此則魚腸魚鰾皆稱鯁鯕漳州臺灣福州皆產之

鸜哥魚　福興泉漳臺灣皆產之狀如鯉魚綠嘴似鸜哥故名華夷考魚青綠口曲而紅似鸜鵒口蒼按閩海上有一種小鸜哥疑即此魚所化故畜者不匝歲即殂凡魚化之鳥遇時即死

龍占魚　尖口細鱗形如海鯽大一二斤色紅四時皆有醃為鯗味佳澎湖五十五島以此魚為上品

印魚　嶺海異聞印魚出南海中似青魚而修廣過之頭角中圻如解顱之嬰顯後垂皮方徑三寸許若道巾之披餘然上有黑文儼如篆籀島夷閩有獲者必

珍藏之不知其何謂也集韻鮣魚名身上如印類篇
鮣鱗魚名如篆一曰首象印吳都賦鮣龜鱕鰭注鮣
魚長三尺無鱗身中正四方如印扶南俗云諸大魚
欲死者鮣魚皆先封之蒼按印魚脊鱗形如鰭魚額
上有文如印章東坡所云通三印或指此凡魚無腦
者其首皆有兩石如薔而相並黃花魚黃鰵鯩魚鮸
魚烏頰魚石頭鱸之類是也凡魚首有兩石者其頭
骨皆現出三角如印者八塊或六塊即嶺海異聞所
謂頭骨半坼如解顱之嬰也謂之通印亦何不可城

陽縣南有堯母慶都墓廟前有一池魚頭間有印文
謂之印頰魚若非祀者捕而不得
連刺魚　俗呼蓮刺產於二三月似鯊仔但鬣上有一
刺兩鰓有兩刺耳亦鯊魚之別種
刺𩵋　產澎湖首連於腹左右兩鬐尾短渾身皆刺其
勁如錐形圓如毬土人噓其皮為燈

海錯百一錄卷一

海錯百一錄目錄

卷二 記魚

鰩魚　鬫潮　墨魚附明鯗脯鯗　冬鯢　章魚附紅舉

石拒附赤母　瑣管　墨東附猴染　柔魚附大明脯　銀魚

丁朱　鱵魚　沫魚　丁香魚　新婦啼魚　飼

子飯魚　鱇魚　鰢魚　梭魚　銅盆魚　寸金魚

沙筋魚　青郎魚　獅刀附花身金錢紅紗竹梭花鈴金梭

合西　馬鞭魚

海錯百一録卷二

侯官郭柏蒼蒹秋輯

記魚

海鰻 諸書皆稱鰻鱺云有雄無雌以影漫鱧而生子其子皆附於鱧之鬐而生故曰鰻鱺大者數十斤諸書所稱鰻鱺乃蘆鰻非海鰻海鰻有黄鰻白鰻青者特巨而肉乖為膾遜於黄鰻鰻性猛易壞也手釣者鮮名曰釣仔理蝌越宿取之名曰浮釣鰻吞鈎死水中其味鯹凡海鰻

海鱒皆食螺蛤上釣時俱能齧人手足嶺海異聞鰻

鱺大者身徑如磨盤長丈六七尺鎗嘴鋸齒遇人輒
鬬數十爲隊常隨盛潮陟山而草食所經之路漸如
溝澗夜則鹹涎發光舶人以是知爲鰻鱺所集也燃
灰厚布所開路執鏢戟諸器羣譟而前鰻鱺循路而
遁遇灰體澁不可竄移時乃困舶人恣殺之皮厚近
寸食之美於肉也圖經鰻鱺似鱓是鮫蜃之類蒼按
鱺生於淡水玉篇云似蛇無鱗甲福州泉漳鹹淡水
皆產蘆鰻身有花紋具兩耳形短於池鰻而肥過之
閩安鎮江岸有蘆葦之處產蘆鰻夜齧蘆根盡入江水巨者如椀味豐腴鄉碩以石截江亘半里如架屋

然以破網覆其上遶激水勢使側流名曰流鰻隔蘆
鰻入隔水撞之不得出舟陷其中百無一生閒有健
漢浮於網内鄉頑利其所有挾刀銃從網上甃以滅
口舟行有戒心謂之過隔閒人呼中計者謂之落隔
嘉慶初布政司燕南李殿圖折其隔枷示海口道光
十四年總督歙縣程祖洛以强盜論殺二人程公丁
憂解任復砌又有土龍魚生海泥中如鰻長尺餘味佳又
有油筋魚似鰻生海淖中長如筋周身是油味佳

海鱒 觜尖色黑目赤與鰻少別鰻羣遊釣者魚貫而
至鱒獨遊閒有兩三尾入釣者故難得斮為膾極於
諸膾曝為羞味豐於鰻泉州人呼鰻之黑者為鰦海鰻又呼猾狗魚即鱒也
族志鱒似鰻目中赤色一道橫貫蒼按福州呼池鰻

溪鰻曰鱒鰻蓋二物而統稱也廣韻鱒讀蹲上聲今海濱亦呼上聲郡志以江中所生者為壯鰻蓋二物統稱又誤鱒為壯詩九罭之魚鱒魴傳訓大魚爾雅鮅鱒郭璞曰鱒似鯶子赤眼者陸璣云鱒似鯶而鱗細於鯶赤眼是也陸璣以鱒似鯶而鱗細益州記云嘉魚細鱗似鱒魚蜀中謂之拙魚出丙穴二書皆以鱒有細鱗鱒無鱗也二書乃互引之誤蒼按池鰻皆雄海鰻海鱒皆雌以影漫鱧之説或指蘆鰻未必鰻鱒十月冬至前後以紅糟和鹽風乾之或曝為鯗皆美凡魚孕子魚男羣逐感氣亦如鴨雄先行

以翼點水母鴨羣唼其水則卵可抱之意異苑載諸魚欲產鰫魚輒以頭衝其腹鰫欲自生亦更相撞觸俗謂眾魚之生母山海經稱鰫父之魚是也

馬鮫（龍龕手鑑鮫俗字）即章鮀（音鯀）連江謂之章胡青斑色無鱗有齒肉硬海魚之賤而不入品者又一種名闊腰一種名青貫諺曰山上鶌鵃海上馬鮫鰫又曰油鰇馬鮫鰫馬鮫虛負盛名耳（一云馬交似鱅無鱗有斑春社生故名社交魚）

塗魠魚　口闊身黑無鱗似馬鮫重者四五十斤冬春尤美肥澤薌甘爲澎湖海族之最臺灣亦產呼泥鱝

魚（按字書無鰽字）或曰即鰄魚

嘉酥魚　閩書嘉酥魚其味在脊出福清蒼按嘉酥魚即馬鮫之大者重數百斤渾身文理皆自脊發日本國蕘其脊味勝内地琉球所市者是也凡海產皆大洋勝於各澚

鮎　説文鯷也爾雅釋魚註鮎別名鯷江東呼鮎為鮧本草圖經鮧背青而口小者名鮎三山志鮎大者長尺餘無鱗方言呼為鮧魚（諸書引三山志皆作池魚池鮧傳寫之誤）蒼按海鮎即鰋兩目上陳頭大尾小身滑無鱗多涎謂之

鮎魚言其黏滑也鰋鰍鱓稱無鱗魚食之不益人俗云鰊魚登竹以口銜葉而息於竹上諺曰鰊魚上竹是也或曰口腹俱大者曰鱯背青口小者爲鮎口小背黄腹白者名鮠有黄顙魚與鰊相類但鰊白而彼黄爾嶺海異聞鮎魚每沙際佯不動海鼠以爲彼失水且死齧其尾鮎魚轉首嘬之從水去

帶魚　身薄如帶長至三四尺闊至三四寸鋭口尖尾僅一脊骨無鯁無鱗皮白積鱢如膩海濱呼大北風爲惡風諸魚皆匿獨帶魚上釣故泉州興化呼惡魚

臺灣呼銀刀小者名帶柳即蝦鮮帶在蝦鮮中挑出也肥厚者鮮貨之醃者裝載上游其市最廣閩中海錯疏云帶冬月最盛一釣則羣帶銜尾而升故市者獨多或言帶無尾者非也蓋為帶相銜而尾脫也蒼按帶身長好魚貫故釣帶者多截帶尾為蛆一釣偶得兩三帶醃帶者畧刃其尾使鹽力易透重刃則尾斷所云相銜而尾脫非也帶魚初上漁者罕得集數家而醃之前後需時魚不鮮故味遜至釣多則各漁隨得隨醃自成篷篋名曰綱仔魚鮮故味腴凡以縕

釣為生者曰討海所得之貨曰海水專候風信故有海水好呆之語凡海面微雨不波日暖風和羣魚上遊唼水曝鬐或乘陰曀欲雨海氣上蒸諸魚噞喁水面急載網罟則海水好陰雨晦明狂風吼激或乾風不雨名曰風癡則海水呆春暴畏始冬暴畏終南風多鬧北風罕斷南風舟從南北風舟從北之類謂之上風此雖舟訣亦漁訣也凡魚肥則油厚而孕子油性浮故魚肥則目矇眯而上浮易於觸網是以及時而得者魚皆肥非及時也魚肥始易捕耳失時而偶

得者魚多瘦非失時也未及肥也又魚病乃避地氣怯深流上游不息卒以勞死海魚重數千斤者恆登岸自斃職是故耳魚將死必曝日反其性也何以郡縣志載巨魚登岸自死爲祥異

魟魚　或呼鯕魚音之譌形如栟葉無鱗身扁闊而多肉尾上圓而末銳氣味陰穢產於春末極於秋初種類亦雜有黃白黑三色黃者並肝煮酸菜勝於白者白勝於黑作鮝可遠市價亦賤諸書皆稱魟魚之美在肝但多食令人頭暈說文訓魴爲赤尾魚陸璣疏

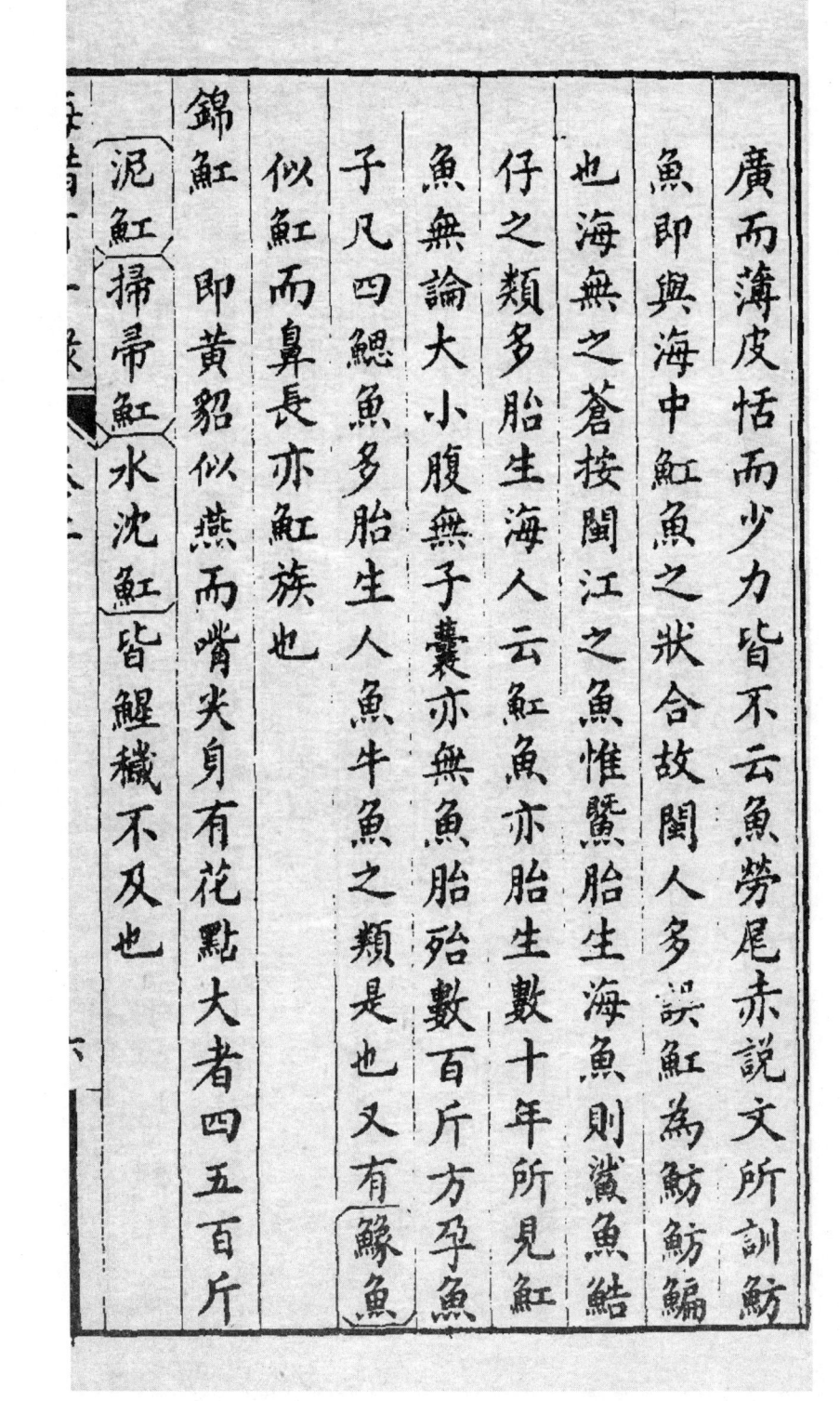

廣而薄皮恬而少力皆不云魚勞尾赤説文所訓魴魚即與海中魟魚之狀合故閩人多誤魟為魴魴鯿也海無之蒼按閩江之魚惟鱀胎生海魚則鯊魚鯌仔之類多胎生海人云魟魚亦胎生數十年所見魟魚無論大小腹無子囊亦無魚胎殆數百斤方孕魚子凡四鰓魚多胎生人魚牛魚之類是也又有鰇魚似魟而鼻長亦魟族也

錦魟 即黄貂似燕而嘴尖身有花點大者四五百斤

泥魟 掃帚魟 水沈魟 皆鯉鱵不及也

黑魟　魟魚之最小者海族志形如團扇口在腹下無鱗鞭骨紫黑色尾長於身能螫人蒼按即燕魟肉潤但味如積溺耳又牛魟色黃黑

鱝魟　亦魟魚之絕大者背厚尾長重二三百斤

鮀　一作鮓俗作蚱又作蛇一名海蜇即水母也三山志亦稱作魚異苑名石鏡夏至時海漚所結有淡色白色二種海面日烈時雨迸之則多結無雨則產鈌諺云四月八一脯雨一蒲鮀閩人呼暑雨挾雨者為脯時雨呼物之聚結者為蒲言夏至前後一點雨得一蒲鮀也鮀本

海物時或浮於江海之交蝦聚腹背而唖其膩故曰水母目蝦漁者以洗釣撈得而層刃之釣之鉤者多其凝結而白者曰鮀皮腹下臃腫肥滯而紫黑者曰鮀跋周圍比附如懸絮者曰鮀鰾皆以灰礬和薄鹽壓去其汁腹中無腸形如敗芝而渣滓者曰鮀血豬油薑豉炒亦美品市稱鮀血乃鮀鰾之偽福州呼蠢子為鮀識其無眼耳鼻舌任人作為也海人掘坑盛鮀滷以醃蠘以鮀滷漬帶魚則鹽省而味澀謂之灌鮀滷新鮀單礬多滷者名水鮀其值賤雙礬逾年始貨者

名座户其値貴嶺表錄異以水母有足無口葢口藏
腹下畧與鯗同節錄宋沈與求錢塘賦水母詩出沒沙觜如浮瞿復如緇笠絕雨纓混沌七竅俱未形塊然背負羣蝦行又云藏納眾污無滿盈浮埃沈滓涸九清結成此物宜昏盲使蝦導行作雙睛乃能接跡蚌與蟶亦猶巨蛩二體并可謂善狀善喻矣

鮮魚　海族志背有肉二片乾之名金絲鯗形味俱類
鯗魚翅閩書亦云背有肉二片乾之名金絲鯗蒼按
今海人呼金絲鯗者其形如斧上廣下殺黃黑色即
黃鯗烏鯗之類氣味與鯗魚所變之鹿同

鯇魚　又名水鯇即龍頭魚福州呼油筒形如火管無

鱗而多油海魚之下品食者恥之醃市每斤十數文貧人袖歸近釐金鹽價皆數倍油筒每斤五六十文閩侯閩清商爲南路幫例於城廂市售每鹽一斤十一文同治五年南路商楊鼎成向鹽法道沆陵吳大廷棻請起價今市售二十文鹹醃自此倍貴

閩書鯇魚廣人呼爲綿魚福甯人名爲䱂鯇大者長尺餘如夾管亦名火管鯇浙東以風之謂之風蟳

鱝魚又名鍋蓋魚形如笠又似大荷葉重百餘斤口足尾俱在腹下目在額上尾長有節能螫人見江賦即閩海濱所稱鼎蓋魚

琵琶魚　諸書皆云口在腹下目在頷上尾長蓋誤以琵琶魚為鱝魚也按閩書琵琶魚身狹如琵琶身狹則非鼎蓋魚明矣吳都賦鮫鯔琵琶註會稽琵琶魚無鱗形似琵琶述異記海魚千歲化為劍魚一名琵琶魚形如琵琶而善鳴因以名焉其說無稽

楓葉魚　海物異名記海樹霜葉風飄浪翻腐若螢化厥質為魚據此則指為楓葉所化蒼按海邊秋後有三尾魚似葵葉扁薄浮泛無知識無血鯉或呼楄魚疑即楓葉魚閩人呼楓樹為楄楩楓葉似蔡當即此魚

四破魚、似鰛而無鱗惟喜火光產臺灣大武崙至三貂一帶昏夜張罾於船以小艇燃炬為導羣魚望火躍入罾中福州興化海中亦有望火結隊而來間有飛入棹中呼之為火魚以其多也又呼之為彩魚

白鰾魚　形圓薄類錢又名金錢鰾福州泉州皆產

日月魚　頭分兩儀身列八卦江亦產之亦七星魚之類食之害人

鱴魚　長七八寸骨柔無鱗類錢之半具五色文三山志唐李柔入閩稱鱴魚為銀蕘水母為玉膾

鰈魚　青白二色肥大數百斤其肉柔腐不受釣亦不入饌以膏燃釭味𩼤羅源甯德為多諸書皆以鰈為鮎鮎小鰈大誤矣

䱀魚　即䱀䰲本草黃顙魚一名䱀䰲無鱗埤雅䱀䰲魚其膽春夏近上秋冬近下蒼按䱀䰲魚身尾似鮎腹黃背青口小腮下二橫骨兩鬚羣游作聲軋軋然諸書皆曰一名黃鰽魚又名黃顙魚又按陸璣疏云鰽一名黃頰魚似燕頭角身形厚而長大頰骨正黃魚之大而有力解飛者閩海所產䱀魚不聞能飛能

飛者飛魚燕魚鰩魚耳飛魚燕魚鰩魚類骨又非正
黃其類既多難以辨別詳上鮎魚條下三山志黃顙
魚一名鉠䰾無鱗似鮎而小腮邊有刺能螫人其聲
鉠䰾然

人魚　人首魚身色白能行水面甯德土人取其油以
燃燈不易消耗山海經休水北注于洛中多䱱魚狀
如盩蜼（獼猴之類）本草䱱魚四足黑色即人魚又名孩兒
魚啼聲如孩兒山海經即翼之洋其中多赤鱬其狀
如魚而人面其音如鴛鴦食之不疥是人魚有黑色

赤色非白色矣嶺海異聞人魚長四尺許體髮牝牡人也惟背有短鬣微紅耳間出沙汭亦能媚人舶行遇者必作法禳厭惡其為祟故也昔人有使高麗者偶舶一港見婦人仰卧水際顱髮蓬短手足蠕動使者識之謂左右曰此人魚也慎毋傷之令以楫扶置水中嘆波而逝蒼按凡魚四翅者多無鱗其名不從人即從畜人魚無手足嶺海異聞以為能媚人真異聞矣粵西有印孃魚能登陸與諸雄交

美人魚　人首魚身無鱗腮下微紅稍具穢狀福清江

陰連江各灣偶有觸網則海水不利輙棄之

海和尚魚　色赤身首皆人形四翅無鱗縊者以為不祥嶺海異聞海和尚人首鼈身足差長而無甲舟行遇者率虞不利弘治初廣東督學僉憲淮陽韋彥質先生將視學瓊州陸至徐聞方登舟此物升鷁首而蹲舉舟皆泣謂有魚腹之憂議將禳之先生方嚴人不敢白也詰旦抵瓊留十許日試士都畢泛海而還若履平地後遷福建憲副考終於家語曰妖不勝德

蒼按草木子邵子陸生之物水中必具

海馬魚　形似馬而四翅頭有鬉得者棄之

海豬魚　長樂福清連江皆有之莆陽呼海豕首似豬

皮如青苔無鱗毛肉淡紅如豬肉而多油有得則村

人爭買相傳食者解諸瘡毒煎其肉皆膏也生瘡痏

者以此調藥江賦稱海豨是也

海狗魚　頭似狗尖尾四翅又狗母魚長尺許有細刺

肉粗劣

虎魚　頭似虎產臺灣白水亦有之海極深處水黑次

則蔚藍次則五色如幔極淺則白故於白水徵魚稅

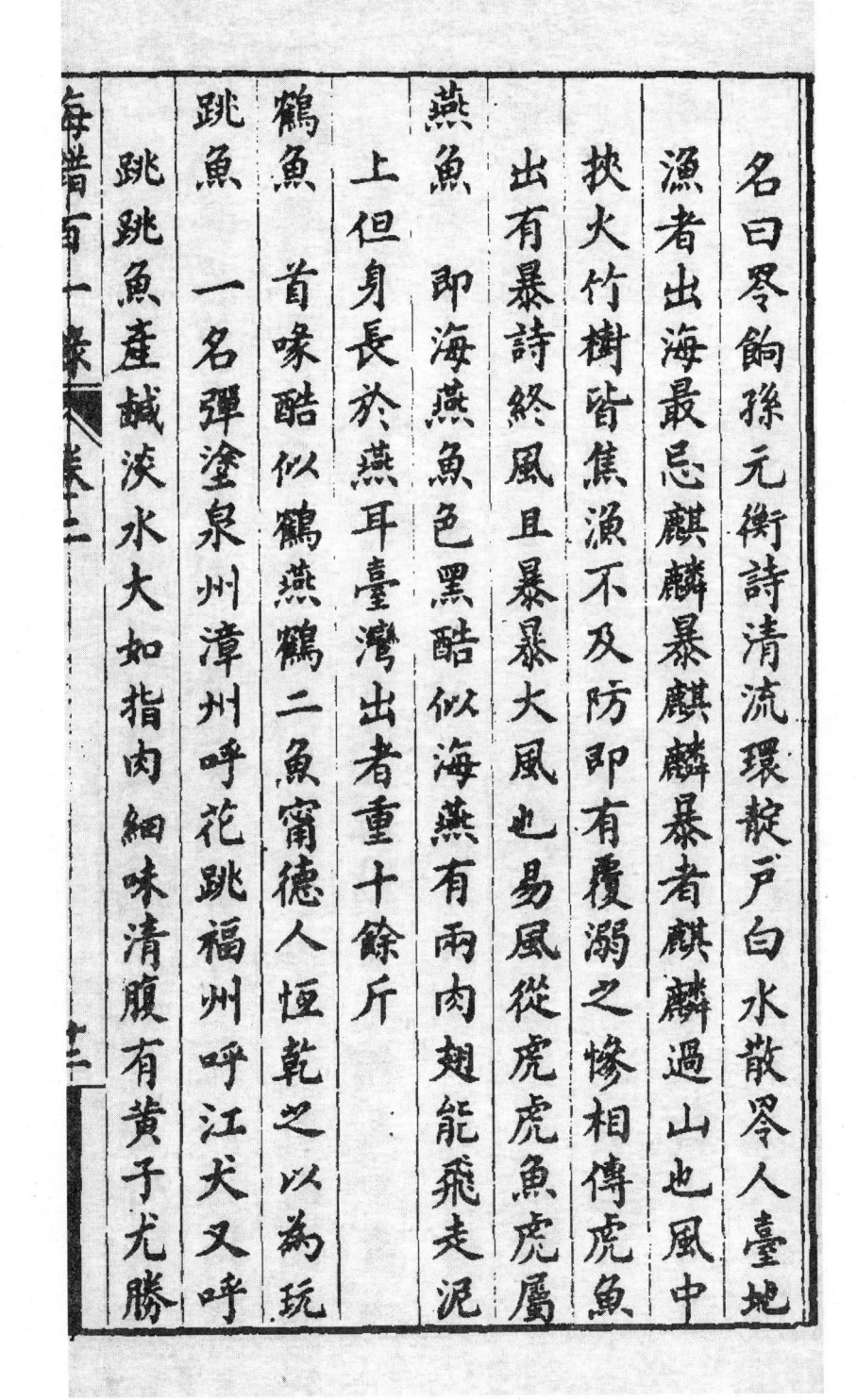

名曰罟餉孫元衡詩清流環舵戸白水散罟人臺地
漁者出海最忌麒麟暴麒麟暴者麒麟過山也風中
挾火竹樹皆焦漁不及防即有覆溺之慘相傳虎魚
出有暴詩終風且暴暴大風也易風從虎虎魚虎屬

燕魚　即海燕魚色黑酷似海燕有兩肉翅能飛走泥
上但身長於燕耳臺灣出者重十餘斤

鶴魚　首喙酷似鶴燕鶴二魚甯德人恒乾之以為玩

跳魚　一名彈塗泉州漳州呼花跳福州呼江犬又呼
跳跳魚產鹹淡水大如指肉細味清腹有黃子尤勝

先用湯熟以淨水去其箸鬣垢膩薑豉箏絲作湯海物異名提登若猴又名泥猴閩書彈塗大如拇指鬐鬣青斑色生泥穴中夜則駢首朝北按僊遊縣志載超魚兩目相連於額上身有斑點每尾極大不過一兩超魚即跳魚音之偽詩鱨鯊之鯊訓為鮀性善沈跳魚性善浮餘皆與鮀魚同鯊生於春跳魚生於夏時亦稍異福甯鹹淡水所產白頰似跳魚但色白耳

氣魚　產臺灣如龜如蝟駝背魚也大者尺許小者寸許游泳如常魚有觸則鼓氣磔刺又名刺龜土人空

其腹為燈蒼按氣魚河豚之類以口噓之亦能翕張非觸物而怒也

飛魚　頭大尾小有肉翅善跳連躍十餘丈福州呼鯡魚吳都賦文鰩夜飛而觸綸是已臺灣呼飛藉魚蒼按飛魚有兩翼傳為沙燕所化漁船懸燈則投光撲面船力不任急滅燈亦稱燕子魚又名海燕魚

鰩魚　魚身鳥翼大尺許翅與尾齊羣飛海上有大風漳州甯德多見蒼按說文文鰩魚名山海經觀水西流注于流沙其中多文鰩魚狀如鯉魚魚身而鳥翼

蒼文而白首赤喙以夜飛其音如鸞雞

鬬潮　入閩通志閩書皆云乘波霧集故名海人呼鬧潮身長色青無鱗内海外海風浪霏霧漁者絚者皆罷釣息網故此魚難得

墨魚　素問稱烏鰂説文鰞鰂魚名諸書亦稱烏賊鰂賊音之譌爾雅翼寒烏入水化為之（烏鰂有卵非烏化也）閩大（烏鰂）記烏鰂性嗜烏每浮水面俟烏下啄則卷而食之（口小不能食烏）二書皆因烏賊而曲為之説今海濱皆呼墨魚重不及斤渾身白如硬玉兩鬚八足皆聚於口腹

中有煙如墨又有一黄如鴿卵者曰墨魚餂乃鰾也一圓如鴿卵而差扁者曰墨魚蛋乃子囊也剔之疊疊如螵蛸（螵蛸蟲腹之孕子者種類甚多凡螳螂之屬每蟲子滿雄蟲絲網其腹使緊黏樹枝而蠹其身首冬蟲枯死子于囊借樹枝之生氣及時子咬囊而出獨在桑枝者曰桑螵蛸得桑枝之氣可已風疾驗墨魚蛋形如螵蛸剔之亦疊疊然近醫家烏鯽丸用海螵蛸治婦人血崩又海螵蛸治婦人水戶嫁痛皆誤以墨魚骨爲海螵蛸幸其性相同故不害人醫書烏鯽骨與海螵蛸本分爲二）遇他魚則噀墨以迷之漁者見沙圳水黑即舉網（埤雅烏鯽八足絶短集足在口縮喙在腹懷板含墨每遇大魚輙噀墨涸其波以違害若小魚蝦過其前即吐墨以致之）觸網時亦施此技不知其已在網中也其墨可作字逾

時則迹滅其骨雪白輕剽形如小舟入夜有光本草
烏鰂鹽乾者名明鮝淡乾者名脯鮝與閩語同閩小
紀墨魚一名算袋一名烏鰂一名海鰾鮹相傳一胥
吏醉歸墜海周身悉化爲異物此其招文袋也所垂
白帶宛然浮游海面有物觸之輙吐墨自覆人反得
因其墨而迹捕之愚矣用溼紙層層裹之𢿱細稻稭
火煨之香熟可啖蒼按今海邊上緼者煨之輾轉即
腥臊矣亦有作鮝以達市者裝載甚廣
冬鯢身似墨魚而稍圓故稱鯢色如墨魚而稍紫始

產於冬故名冬⿰魚見鮮者沃以薑豉炒食或熟之拌香

糟黃韭

章魚 一作鱆魚閩書鱆魚一名望潮魚紫色腹圓有腹無頭頭在腹下多足而長又云口上有圓文星聯凸起腹內有黃褐色質如卵黃有黑如烏鰂墨有白粒如大麥味皆美蒼按鱆魚生塭中有小穴通氣尋而掘之乘其未覺以瓦礫磨其通身使縮小則魚腦存而味足尤美閩書所稱黃褐色者即腦也甯德羅源皆有之福清海口鎮東連江東岱小埕尤多暑不

能至則熟之傳以塩糖香糟亦美品榕城内外連江棧閒有市者又有一種足短者曰紅舉亦名章舉韓昌黎南食詩章舉馬甲柱鬬以怪自呈所云章舉是也與化呼章舉之大者為土婆

石拒 無鱗亦無皮渾身雪白畧似章魚而煙薄於墨魚閩中海錯疏石拒似鱆而極大閩書石拒一名八帶大者至能食豬居石穴中人或取之能以足黏石拒人蒼按石拒生海潭中性寒海族之最怪者頭似兔而無口眼項長眼在項上一鼠形如韠蕚負於項

後口在腹下有牙如蟻螯腹扁海只一黑者乃其肝
也渾身飄出七條如帶其長視身二倍有奇每帶星
星傑起斜列如圓盂者或百三四十或百五六十愈
大則傑起者愈多另有一帶稍短者在項下其文亦
如七帶故泉州臺灣皆稱八帶計八帶凡列圓盂千
數百視之無隙如牙齦能着石吮海苔人或取之則
八帶着石屹然不動漁人赤身入水則八帶糾纏着
體吓人血脈漁者欲生得乘其不覺掖之而出或聯
大小竹筒理蝍其中石拒聞蝍穿入不得進退斃於

筒中赤者名赤母大者潮退仰曝塭上豕涉流咀之

被齧相提而豕斃矣

瑣管　腹中有煙如墨魚而皮畧紫其管瑣瑣焉似足

非足氣通於管重不越二三兩鮮炒香油黄韭蒜亦

美品以鹽醃過冬發而食之調以酒或醋閩人恆以

鹹鮭下飯瑣管蝦蚕鰮鯷土苗五者為鹹鮭之最

墨求　即墨斗似瑣管而小皮紫白亦能吐墨醃法如

瑣管味尤勝又有猴染大於墨斗小於瑣管

柔魚　亦作鰇魚似墨魚皮微紫諸書皆云無骨蒼按

有一片如瑇瑁者即其骨故曰柔魚以豬油鮮炒味
豐乾之可遠到不及日本至者為美火炙揉為絲尤
美又有作鯗而重一二斤味如墨魚者曰大明脯乃
大墨魚非柔魚以微火煮豬肉補水

銀魚　閩書其色如銀一名膾殘一名王餘爾雅翼王
餘長五六寸身圓如箸潔白無鱗但目點黑博物志
吳王食膾棄餘中流化而為魚今猶呼膾殘魚也泉
州漳州皆有之三山志銀魚口尖身鋭如銀條作鮓
尤美

丁朱　形扁似魟魚產晉江惠安海面

鱵魚　閩書大小形狀皆同銀魚但喙尖有一小黑骨如鍼為異泰山經云其狀如條其喙如針

沫魚　土人呼白沫立夏後時雨旭日所結閩書梅雨時海水凝沫而成雪色無骨其大如筯無子種蒼按沫魚以油微炸美作羹則味饕泉州西溪產文昌魚細如絃曬乾越文昌誕則滅邵武越陽溪產桃花魚長二三寸無骨味美桃花開時僅止一候即滅福州五虎山麓春末鰷魚放子暑天于大長寸許扁薄以油微炸夾光餅美品也離山影則無之南平縣之緹潭產緹魚背青口小越莊武王廟前後則無將樂縣西禊村產鯪魚即鱓類重數十斤越西禊則無此數魚蒼皆哄之蓋隨地

氣而生也

丁香魚　產於清明後似白小無子種鮮者爲醬羹食者愈小愈貴愈大愈賤白者味遜微黃綠眼紅腹者勝剝蒜瓣雜之則久不壞榕城呼童子之無用者爲丁香魺言其越大越不值錢也丁香魺之白者乃大綞魚不鮮故味遜

新婦啼魚　產臺灣海東札記狀鮮肥熟則拳縮命名以此

飼子飯魚　無骨可和飯飼幼子臺灣最多

蠔魚　閩中記生蠔中食蠔豐肉少骨

蠣魚　八閩通志大者長五六寸白質黑文味美少鯁

梭魚　閩書似鱶魚稍大如織梭豐肉脆骨蒼按梭魚似江河中之苦條而味勝之

銅盆魚　出福甯形如比目魚能鳴以其聲名說文鰅虛鰅也上林賦禺禺魼鰨註鰨鯢魚也似鮎有四足聲如嬰兒正字通鰨即今福州銅盆魚蒼按銅盆魚形扁色紅鱗大骨鯁宜加蒜齏食

寸金魚　色黃八閩通志寸金魚色黃長寸許出甯德縣七都

沙筋魚　長尺餘其狀如箸又名土鉸嶺表録異云生海岸沙中春時吐苗其骨白而勁可為酒籌

青郎魚　似海鱸身長有齒如鋸能嚼螺蚌互見卷三蚶條下凡魚口有齒者必嚼螺蚌鰓有刺者必虐他魚有齒之魚味多豐有刺之魚性多毒

獅刀　形如刀花身紅紗花鈴金錢竹梭形長如梭金梭赤色含酉皆臺海白水雜魚

馬鞭魚　即䲅魚集韻海魚形似鞭鞘本草䲅魚腹似馬鞭尾有兩歧如鞭鞘故名

福州海魚自長樂福清連江甯德至者稱外港餘稱本港昔人以暑天易㶇偶亦夾冰赴市近夷人貨冰外港本港皆得滿載停泊大橋陸續入牙人不勞而利倍冰水凝凝寒氣凝滯頻年七月至十月吐瀉即麂傳為冰魚之患姑記於此以證來者

海錯百一録目録

卷三　記介　記殼石

龜龍　瑇瑁　黿附覺悟　[illegible]龍　鱟附鬼叢　蟳附水

蟳蛸　金蟳蜂　虎蟳附石蟳　蠘附彭蠘子擀

蠣房附草蠔蠣　黄蠣　蠘　[illegible]　江瑤　西施舌　淡

菜附沙箭　蜯附養蜯蛤青　馬刀蜮蜒　海月　石華　石帆

石榼附石鏻　龍目　海膽　蛤蜊　蜱蟄附蜃　螂

蜆附蜞瑚、　沙蝨　石決明附金錢鮑　石蜐　海扇　老

蜯牙　空豸　蛤附蛤乾　海蛤附花蛤文蛤黃蛤白蛤油蛤

海錯百一録　卷三目録　十

沙蛤 木理蛤 紅綠 寄生 翠翠 土銚

海紅附紫蛤 桃花片 蟟蚶附養蚶 絲蚶 石蚶

珠蚶 烏黏附烏黏乾黏 黃黏 烏投 石尊 千人

壁 赤脚 珠蠏 金錢蠏 長跤蠏 滷 倚

蘆禽附石鹽 蟶附土蟶蟶乾 劍蟶蟶油 牛角蟶 指甲蟶

竹蟶 石蟶 獨脚蟶 玉筯 鸚鵡螺附鴝鵒螺紅

蜆螺 米 青螺 辣螺 香螺 海螺 馬軻螺

酥螺 研螺附帽華螺 珠螺附鈿螺珠螺 花螺 土螺

簑螺 竹螺 黃螺 吐鐵 糍螺 醋鼈 天生海蛤

海錯百一錄卷三

侯官郭柏蒼蒹秋輯

記介（龜龍之類繁多就所見者記之非備考證）

龜

同治丙寅至戊辰蒼有福州南門砌城開河清釐舊址之役遂改築兩城閫呈請鎮閩將軍英公桂於城上架屋暫便行人乃收復七星三元兩溝（七星溝詳三元溝始末內）三元溝自府學泮池起穴城而出共一百四十四丈抵河將城牆拆卸二丈以便造作用方石柱十二條橫壓溝上石柱精緻嚴密乃築土一尺於柱上

使所築之土不至摻入溝中又於土上鋪石仍舊築城牆鋪馬道砌睥睨溝中用橫石一上一下參差攔截使溝水可出潮沙可通設或有警寇盜不能竊掘於舊溝擁塞之處檢出三龜被旁人拾取其二所餘者大僅一握背有白醭下板鐫皇祐三年四字疑為宋大築城時壓勝之物畜於文儒坊宅中楸樹下光緒丙子水災後濕蟲繞樹取水沃之婢以湯至適龜昂首疾行為湯所沸曝烈日中三日乃死數百年水族死於湯火是固有數存焉若長匿溝中尚無此厄

其二龜是否皇祐間物亦不知其作何結局　客有自臺北府來者李子作梅以六十錢易二龜一黑色微白如醭背刻放生林某姓氏其一亦大如盆背傑起黃脊二道自左右肩至殼尾下板周遭成紋圓者方者似篆非篆刻畫分明彷彿二十八宿五嶽之形唐堯之世越裳獻千歲神龜方三尺餘背上皆蝌斗書五行八卦二十四氣記開闢以來帝令錄之謂之龜厤李子死二龜潛入閩山小壑今穿瀠月池池中有數石二龜一藏一現遞年出沒距於石上亦一異也

臺灣噶瑪蘭之後路產草龜土人貨其筋以殼

列地賃人為屋　攝龜又名呷龜殼長末圻如鸞蛇來與龜匹龜展圻夾之蛇𧈫龜呷之蒼所目見　說文龜頭與蛇同故字上從它其下象甲足尾之形它即古蛇字也　書影載潤州某公補劑多用敗龜板垂十年頗健晚患蟲膈乃謁白飛霞飛霞診視良久曰此瘕也公豈餌龜板藥耶今滿腹皆龜吾藥能逐之其骨節𦞂理者非吾藥所能也乃與赤丸數粒服之下龜如菽大升餘得稍寬不數月死易簀時驗小遺悉有細蟲髣髴龜形

龍

種類不同已見諸書者不載咸豐壬子黃肖巖往臺陽閒壁閒㵒𤀋有聲一蟲扁薄似蜥蜴而尾特長忽霹靂如雷飛出雲表尾猶勾曲丈餘神龍變化信矣 蒼在延平明翠閣適雷雨閣前三巨舟皆滿載為龍所挐片刻舟從黯淡灘墜入江中人物蕩然建甯府城每年皆有風雹傳為禿尾龍省母蒼以其說不經不之信一日甫登輿天昏如墨僕人曰禿龍至矣蒼叱之至府前一亭飛上空際急閃入破屋雲表熠熠有光行者輿者俱墜河中 福州西門質庫

雷雨中有鯉魚墜入矼中畜之池蒼所目見蓋隨龍
水也　畫龍皆圓鱗山中死龍有方鱗　養魚經曰
魚滿三百六十則龍為之長而引飛出水內有鼈則
魚不復去故鼈名神守　或云龍生九子無一同類
凡海族一類同異者皆九種不獨龍也　閩在亂山
中時有蛟變蓋蛟神則入海俗云蛟水入海龍不受
故龍挾風雷而與蛟鬬然九龍不敵一蛟蛟卒入海
瑇瑁　狀如龜背有甲十二片黑白斑文相錯以成其
邊襴闕齧如鋸齒無足有四鬣前長後短其上皆有

鱗甲以四鬣櫂水而行其甲柔如皮因以作器澎湖人伺其登岸伏卯取之煮其甲或生剥之育池中飼以小鱗以待再用名曰四明今鑲鏡匣鑲扇把者是也海槎餘録玳瑁產於海洋深處其大者不可得小者時時有之狀如龜鼈背負十二葉有自然文藻取用時必倒懸其身用器盛滚醋潑之逐片應手而下製為器血其價頗翔

黿

說文以黿為大鼈弘景謂此物老而能變為魅張鼎云黿與人共體具十二生肖肉蒼按與鼈異甚親

戚鄭達光每以黿放生且云至中流引項數躍作回首致謝狀屢放屢得刻字於背不數日復粥於市蓋魚入水悠然而逝黿則舉項而行水波蕩漾若回首然者三女拾珠得黿放生蒼蠵載出外海蓋西峽北茭水有界限不得門戶終羅鼎鑊諸書皆謂黿腸屬於頭故倒懸頭乃垂於地凡龜鼈倒懸頭皆下垂黿至難殺故左傳謂解黿今連江長樂甯德漁者所獲鼈足而黿身永夜作歎息聲者名曰覺悟黿首似鵝覺悟有鬣爲異耳覺悟諸書皆不載無從考究或因

其歎息而呼之海族一類九種鼉與黿相感成鼉鼉
與黿鼈瑇瑁相感又成異狀爾雅翼曰天地之初介
潭生先龍先龍生元黿元黿生靈龜靈龜生庶龜凡
介者生於庶龜黿者介蟲之元也

海龍　首尾似龍無牙爪身方有稜無鱗頭上一角尾
拳曲無足長不數寸每躍必雙小紐眼踈海龍生得
不易澎湖天寒凍死浮海面漁人得之以為入藥功
倍海馬厦門有貨海狗腎者按本草即温肭臍書載
黄山畢公服温肭臍久之得沙淋痰沙皆作犬形頭

尾略具

鱟　產於夏色深碧如半瓠覆地前廣後殺末圻如鼈甲尾三脊而多刺其長等身兩骨眼分展於背上十二足鋸列於腹下口在足中子盈頷上其血藍色全形似熨斗多食動肺諸書皆云雌常負雄漁者取之必得其雙謂之鱟媚醫書多云雌常負雄獲雌則得雄雌或脫去終亦就斃蒼按鱟取於水湄不聞雙得夜則雌者多尋湄放子後至輒踞其背潮滿則一一豎尾而逝或接疊或次第如帆然古稱鱟媚鱟帆鱟

簰殆以此耳所孕之子點水為鱟著草為蟳鱟眼有光如瑪瑙越宿掩以紙水噀之若蚊嚼之立斃矣隙光射之即死曝之不死小者名鬼鱟害人鱟腸直而無曲甚腥臨時去之美在尾尻作羹用鹽不用豉其殼規之為瓢軟不傷釜名曰鱟槃山媼畬民治其尾作簪曰鱟簪癩者燒鱟殼則蟲動身癢不支本草以為焚鱟殼可以聚羣鼠唐皮日休以鱟魚殼為樽謂之訶陵樽

蟳

鱟子著草日曝之為蟳背眼如蟹而大於蟹殼深

碧似鱟有牝牡無子種相牝牡者視其臍臍尖牡臍圓牝閩人呼蟹屬之臍皆曰臍籍水草間者為水蟳又曰菜蟳不退殼老亦無膏集海潭者膏滿則退殼名紅蟳又名金蟳言其堅也殼愈退則愈大大潮則肉減小潮則肉豐冬畏寒入穴難取得者以布裹之鱟蟳皆生得目有光夜則熒熒然蚊嚼之即死又大者曰蝤蛑陸氏埤雅云蝤蛑大者長尺餘隨大潮退殼一退一長兩螯至强能與虎鬭續博物志蝤蛑大有力能與虎鬭螯能剪殺人蒼按取蟳者以竹絡理蝐置沙塭潮退諸絡

皆有取草東之長樂及福清海山詔安各灣海潭下有大蟳長數尺冬日以繩繫腰禁息入水中取之聞振繩乃舉漁者出水饑凍欲絕以糞籌灼煙薰之始蘇興泉漳如厠者以竹籌此即諸書所稱蝤蛑食之益人但罕得耳楊萬里呼尤延之為蝤蛑嘗寄詩曰文戈却日玉無價寶氣蟠胸金欲流亦戲之也魚之大而有力者稱鰌介之大而有力者稱蝤皆言其遒勁也

虎蟳

興化泉州呼虎獅味豐似蟳而小殼脚皆斕斑然以殼似虎頭故名閩部疏虎蟳色瑪瑙其殼作猙

狰斕斑極似虎頭閩小紀閩中虎蟳蠏之別派質粗味劣無足取獨其殼似人家戶上所繪虎頭色亦殷紅斑駁北人異之有鑲爲酒器者通州如皋亦有此種俗呼關公蠏蒼按虎蟳味美於蟳閩縣下江人極重虎蟳辣螺恒以二品餉客又有石蟳殼堅脚短味遜於蟳

蟙

性帶寒殼花紫色形如蟳而分北牡產賤於蟳秋末至春仲皆有之獨大寒節入穴難取八哥於霜降前一日即遯入山谷畜八哥者霜降日以籠懸井內俟過霜降時取出不然凍死矣無膏者爲彭蟙

牝者膏滿成子溢於𩡧外名子㽋味𩻿細切生蠘先入䔩鹽膏梁少許臨饌加薑葱香油胡椒醋豉名曰蠘生或擇小者去其脚以香糟調鹽傅其𩡧越二宿食之亦美品或取其膏肉實殼中淋以五味䝉以細麵為蠘饆或和肉膾丸皆可口殼之未熟者恆夜光熠熠然蟳蠘皆易螯故曰龍易骨蛇易皮麋鹿易角蟹易螯三山志蠘殼銳而膏黄螯銛利斷截如剪蟹譜蠘又名横江亦名白蟹閩書蟳殼圓而色青蠘殼尖而有紫點蟳螯光圓蠘螯有稜而長

記殼石

蠣房　本草名古賁一名蠣蛤一名牡蛤亦名西施乳河豚魚腹中之腴亦名西施乳入藥取其厚結者為牡蠣陶隱居云是百歲鵰所化且云左顧者是雄故名牡蠣右顧則牝蠣耳其說近鑿李時珍曰蛤蚌之屬皆有胎生卵生獨此化生純雄無雌故得牡名此說最長福州興化俱呼蠣蔔蔔字詳上鮀條下本草晉安人呼為蠔莆閩音莆蔔同蒼捩蠣房黏海石磈磊相連其利如蠣其窗如房故名蠣房飲海水無濁滯故無後竅凡江海之交潮汐逮至而晚

退者皆產之土人於八月以竹箇密插淺流潮汐至僅餘竹梢潮汐退淡水乘之即繞竹巴結而生初如蝌眼之微細纖如龍目而圓結其竹名含朵竹莖小而堅出羅源福甯實心似葦而無皮若用他竹則所產視含朵竹不及六七矣性宜寒愈寒愈肥南風即瘦再寒再肥出連江馬鼻者為上赤石蒜嶺次之蠣船沿途澆以淡水至水部河真味已失又有漬於池者名為水蠣啖之泄瀉春分則肚爛俗云二月十九闌蠣門是也以炭燒食肥美芳鮮或用發劑油炮加

紫菜或調薑醋椒鹽葱豉紫菜生食之或以黃豆和米為漿夾以生蠣和油炮之曰蠣餅美品冬至前後炒椒鹽和炒荳少許醃之過夏揭去甕面之醭發而食之名醃蠣興化迎仙橋惠安萬安橋及鹹淡水往來之處其橋石皆長年結蠣兒童就石剔取味遜於冬凡蠣殼燒灰名殼灰蛤蜆之灰最下斤鹵之地闉壙砌墓宜用殼灰殼海物也得鹹氣與土性合石灰山産也其味淡南省傅牆壁尤經久又一種生海中房大如杯殼長如屨漁者以繩繫腰入水取之俗呼草鞋蠣

肉粗味遜於蠣房節錄宋劉子翬食蠣房詩蠣房生
海壖堅頑宛如石其中儲可欲雖固必生隙嵌岨各
包藏磈磓相附積終逢霹靂手妙若啟扃鐍鑽灼諒
難堪曷不吐餘瀝

黃蠣　亦名石蠣（本草海鷂魚亦稱石蠣）大於蠣房數倍土人以
刀鑿取連江荻蘆東沙官嶺生海中大如酒盃漁者
入海取之亦名蠔蠣（按鳳山下莊海中石蠣產珠如稷名鳳山珠）臺灣鳳
山淡水以竹竿二丈餘貫鐵於末作蝌蚪狀入海攝
取每船徵蠔餉銀五兩八錢八分本草蠔初生海旁

如拳石四面漸長高一二丈黏附如山俗呼蠔山福州北門飛來峯相傳禹時飛來至今蠔黏巖頂蒼按以黃蠣燒灰力厚灰多若火候不到猶帶海石則反不如殼灰矣澆水時而熱氣晚起成灰後而壘塊下墜者是也

蛓

海族志蛓生海中附石殼如麂蹄殼在上肉在下大者如雀卵蒼按連江竿塘出者肥美土人以蛓附石難取於秋仲豎麻竹於鹹水蛓即繞竹𧎮𧎮然冬至後以刀刮竹帶殼擣之去其殼乘木桶中似涕似痰名曰蛓朧閩音應作𧎮閩人以乳為朧按字書無朧字以蛋煎味遜蠣

房凡燒灰者以蠔殼為第一結實而小經火易透成灰則潔白如雪但不多得耳蒼四十年來閩墓壙豎翁仲皆豫沽蠔殼以待用究之灰淨亦須沙淨沙淨不如工堅

蜦字書無蜦字殼薄味甘黏石而生別有風味

江瑶亦作江珧獨取其柱而棄其肉韓昌黎南食詩所稱馬甲柱是也產長樂長樂至省會須陸行詳卷一鯷條下江珧殼薄畏日性猛易壞故不及於市是以三山志八閩通志均不載順治閒周布政亮工始求之至今父老猶能道其故事節錄閩小紀一節云江瑶柱

出興化之涵江形如三四寸扁牛角按大者盈尺不止三四寸雙甲薄而肥界畫如瓦楞向日映之絲絲縷玉晃人睇子而嫩朗又過之文采爍熳不忝瑤名予驟見之語人曰即此膚理便足鞭撻海族不必問其中之所有矣肉不堪食美只雙柱所謂柱亦如蛤中之有丁蛤小則字以丁此巨因美以柱也味亦與蛤中丁不少異蛤之美實在於丁人以其無多不審察故獨讓江瑤擅此嘉名耳會城初無此謝在杭稱好事者尚云未見其形予至後令甓人索之梅花厂石門時時得

之十年以來遂與香螺蠣房參錯市中矣蒼按海人呼江瑤柱爲馬蛣萬震江瑤贊今之馬甲柱古曰玉珧厥名之珍海圖所標昔人賞之謂美無涯取類南果以配荔支老學庵筆記明州江珧柱有二種大者江珧小者沙珧沙珧可種逾年則成江珧矣按鄞福州養蚌之類

西施舌　殼紫黑而扁薄剖之有數肉條如鬚乃其飲管又名車蛤產於長樂海邊沙坡中蒼夜宿壺井主人以此作饌蒼曰蠣名西施乳蛤呼西施舌西施舌

微帶𧖣味二者非吴王不知乃後人以海族歸美於西施得無視西施爲穿山甲耶一座噴飯三山志沙蛤出長樂殼黑而薄中有沙焉故名俗呼西施舌（抜沙）蛤與西施舌異閩部疏云海錯出東四郡者以西施舌爲第一（詳下沙蛤條下）

淡菜　本草稱東海夫人亦名殼菜以殼中有菜也肉有黄白二種又名海蜌福州呼沙婆𧎘生海石上殼長而色紫嘔海苔蟲也取時並海苔曳之數殼纍纍然其形其味皆屬穢褻隙中嵌小毛如棱異魚圖贊

東海夫人淡菜有殼彩雖不典而益帷薄求以象類堪為一噱又有一種似淡菜而小者名沙箭

蜯　俗作蚌殼白或含紫色三山志蜯頭劙者有珠胎江賦瓊蜯晞曜而瑩珠郭璞蜯贊萬物變蛻其理無方雀雉之化含珠懷璫與月虧盈協氣朔望謝氏五雜組蜯大者如箕海濱習見蒼按蜯生沙逼之下平時難檢取遇風濤吹集岸邊因風磨盪拾破壞者乾之以行遠無甚氣味殼之完美者貨之每斤十餘文或取其小者養大之曰養蜯肉黃味⿱斬酉售蜯閩雲簪

則瘀中秋無月則不胎巨蚌生剖之間得小珠或中有佛像趺坐毫髮畢具李時珍曰予嘗見蛋人入海取得珠樹數擔其樹狀如柳枝蚌生於樹不在土下樹生於石蛋人鑿石得樹以求蚌甚可異也嶺海續聞海中有珠池蛋戶投水採蚌取之歲有豐耗多得謂之珠熟相傳海底有處所如城郭大蚌居其中有怪物守之不可近蚌之細碎延於外始得而採北戶錄西南海有羅子國採珠人盛以革囊止露兩手腰絙石墜入海手取蚌並泥沙貯滿囊中撼絙舟人引出遇惡魚以醋噀之即去然往往有死者其殼燒灰古稱蜃灰又

【馬刀】似蚌而長頭尖身扁江湖皆有之呼為小蜯周禮鱉人祭祀供蠯蜃以授醢人鄭司農云蠯蛤也杜子春曰蚌也類篇蠯蚌狹而長者按即馬刀蚌

與馬刀殼解為瓢稱蜯瓢又蛤青似蜯而殼薄青色味遜於蜯本草所稱蜮蜼似蛤而扁有毛又與馬刀異

海月　圓如月即海鏡兩片相合以成形外圓而甲甚瑩潔日照如雲母光腹中有紅蠏子小如黄豆而螯足皆具海鏡飢則蠏子出拾食蠏子飽則歸腹海鏡亦飽矣又名蠣鏡連江呼蠣盤長樂呼鴨卵片粵人呼膏藥盤磨礪其殼使之通明以蓋天窗百年前福州窗櫺處處用之近玻璃賤貨者絶矣本草云水沫

所化煮時猶化為水海蛤類也蒼按海鏡中蝑子身紅足白即寄生海鏡之類皆海水所結長不飢

石華　一名荖葉盤三山志方言謂之石雹文選掛席拾海月揚帆采石華蒼按石華形似荖葉荖葉者包檳榔子之蔞也殼似蠣而大高廣寸許亦可飾戶牖天窓

石帆　紫黑色生海中石穴間枝柯相動連帶不絶故謂之帆此種綦多既非習見海人偶得以不成筐筴故罕粥於市

石榼　殼紫似海膽而差扁閩書引舊志云有刺人觸
之則刺動搖蒼按閩書所云石榼詢之土人疑即海
膽而異其名也又有石鱗與龍目相似
龍目　殼如笠尖有紋蹙起與石鱗海膽皆爲醬
海膽　殼圓如盂外結密刺內有膏黃色
蛤蜊　殼白者美白帶紫脣者次之作藥補水能解酒
毒美亦在柱以蘿蔔煮之其柱易脫醃蛤蜊以鑪灰
入鹽鹹之味好且不開口要即熟在日中曬三山志
蛤蜊止消渴開胃氣解酒毒以萊菔煮之則其柱易

脫蒼按閩產者不及天津之肥美海上人云蛤蜊文蛤皆一潮生一暈殼之絲絲者為暈

蛼螯 省作車螯殼厚黃白色斑點如花萬無一同大者〔蜃〕陳藏器曰其大者即蜃也能吐氣為樓臺春夏依約島溆常有此氣沈存中云登州海中時有蜃氣如宮室臺觀人物車馬歷歷可見謂之海市唐詩樓臺重蜃氣是也書影海市有偶一見之四明者有見之漳州者蓋不獨登州為然福清白與偶有蜃氣樓臺車馬皆備其下多車螯本草以車渠與車螯分兩物且指為海扇 三山志車螯大者如盤小者

如拳福州市者重小蟑螯謂之車螯錢如盤如拳者每斤十餘文乃蜃類也食之益人沈存中云即本草所謂魁蛤（又本草以魁蛤為蚶之別名）蒼按凡蜃蛤之屬皆有腹而無臓故蟑螯亦產殻珠及佛像入釜烹之能舉鍋蓋知其有異而珠已熟

蝴蜆　殻最厚形似蛤蜊而明亮過之合口處微黑海人呼懶纖麻蛤蜊莆人亦呼郎晃蓋蛤蜊中偶有蝴蜆猶車螯中之偶有沙蟓耳又有一種似蝴蜆曰蜞

蝴

沙蝨 似車螯殼厚色白味清恆雜車螯中連江篠湾百姓多產酉陽雜俎曰車螯與移角相似移角即沙蝨音之譌也

石決明 三山志即鰒魚也惟一殼無對大者如手小者如指海人啖其肉取其殼洗之七孔者良蒼按石決明多十三孔徐衷書注鰒似蛤偏著石蒼按石決明瀕海皆產惟銅山產者小如指呼金錢鮑與琉球所產畧同大如掌者肉乖有類螺肉東洋至者味淡而通明形圓內地產者形差長韻譜云石決明一殼如笠黏石上閩中亦有之但差小耳韻譜

誤以龍目為石決明後漢吳良為郡吏不阿太守賜良鰒魚百
枚南齊時有遺褚彥回鰒魚三十枚者二書皆稱枚
不稱尾則非魚明矣本草圖經謂鰒魚別是一種與
石決明相近耳圖經鮑魚形類鱅生溪中極臭頷旁
有骨名乙長尺許今人誤稱石決明肉為鮑魚釋名
鮑腐也埋藏奄使腐臭也家語入鮑魚之肆久而不
聞其臭是矣書影鰒魚出膠州音撲今皆呼鮑膠人
言鰒生海水中亂石上一面附石取者必泅水持鐵
鏟入鏟驟觸鰒不及覺則可得一二再觸則黏石上雖

星碎其殼亦膠結不脫倦遊雜錄曰海南之異者沱魚大者如斗身有刺化為豪豬

石蜐　亦名石砝附石而生身如小竹大有甲正黑八閩通志龜脚以形名一名石蜐（按字書無蜐字）生石上如人指甲連支帶肉春夏生苗如海藻亦有花（本草石蜐狀如蝴蝶）其色紫　荀子東海有紫紶（即石蜐）蒼按海月石華石蜐之屬或生石上或結苔中皆無子種故江淹稱之為發華郭璞稱之為揚葩直以苔草視之閩書謂春而發華者春月肉吐在外秋冬則否其說近鑿南越志石

砝形如龜脚得春雨則生花花如草華閩小紀閩中
海錯名龜脚者蜂蛤之屬味劣而值亦甚賤江淹賦
以為石砝一名紫𧄍春而發華有足異者謝靈運詩
云紫𧄍曄春流即此曄者言華也荀子書名紫砝郭
璞賦曰石砝揚用修亦效江淹作石砝賦云曄流吐
葉應節揚葩言有花也今海中龜脚附石而生並無
發花者用修好奇未有灼見耳蒼按三山志指石蜐
之大如掌者為龜脚今莆陽呼佛爪泉州呼仙人掌
一物也

海扇　一即海蒲扇以殼名其殼酷似蒲扇外淡黄内潔白志稱三月三日潮盡乃出蓋所產不及一候海人取其殼市之或以代飯是元任士林詩漢宮佳人班婕妤香雲一篋秋風初網蟲蒼蒼恩自淺猶抱明月馮夷居至今生怕秋風面三月三日纔一見對人揺動不如烹肯入五雲清暑殿

老蜂牙　一名牛蹄以形名見正德府志未考

空豸　亦名白蛤出福清莆陽呼泥星海物志揚華如淩澌甲絶薄者爲空豸諺曰白蝦空豸夭與醋大

蛤　出鹹淡水殼白以花紋變幻不同故名花蛤產連
江蛤沙者殼薄為上甯德及長樂壺井江田閩縣次
之福清產者畧大而殼厚連江官嶺者雜大小為下
耘海泥為埕名蛤埕其利甚溥蒐之名蛤乾
海蛤　閩書云殼為風濤所洗自然完淨蒼按藥品海
蛤指蛤蜊李時珍曰海蛤者海中諸蛤爛殼之總稱
不專指一蛤也蒼按一殼大一殼小者稱蛤兩殼恰
合者稱花蛤文蛤表有文黃蛤似蛤似蟟殼黃黑色
出連江白蛤似蛤而小殼薄白色油蛤似蛤而大肉

粗宜作湯皆出福清爾雅釋文説文云蛤有三皆生於海蛤厲千歲雀所化秦人謂之牡厲海蛤者百歲燕所化也魁蛤一名復絫者服翼所化據此則蛤屬多化生南越志曰凡蛤之屬開口聞雷鳴不復閉口續博物志曰高誘淮南子註曰方諸大蛤也熟摩拭令熱以向月則水生説文曰諸珠也方石也

沙蛤　又名車蛤海錯疏土匙也諸書皆云似蛤蜊而長大有舌白色名西施舌李時珍曰蜯與蛤同類而異形長者通曰蜯圓者通曰蛤故蚌從丰蛤從合皆

象形也後世混稱蜯蛤者非也蒼按西施舌形長不得稱蛤西施舌沙蛤土匙皆產長樂土匙形長色黑詢以沙蛤即吳航人亦以為西施舌之别名蛤類甚多且共生一處海人通烹之不辨其名惟紫者難得耳

木理蛤　臺灣澎湖皆產俗呼蟯蛤大寸許殼黑色紋如沈香又名沈香蛤

紅綠　產泉州似蛤而差小色紅綠味美

寄生　諸書皆以蚌蛤中有小蟹寄居其中蚌蛤恃以

為生蝌出求沙土之類哺之蒼按凡螺蚌蛤之屬皆有似蝦非蝦似蝌非蝌者曳其枯殼寄居其中殼不容身乃徙入他殼不寄不生名曰寄生即所謂蠌蛣腹蟹也或炒食或作醬味與蝦姑同樹上亦有一種葉密子多者名寄生鳥啖其子矢於枝上即叢叢冬茂其性熱不寄不生近粵西桂林人以其子種桑樹上久之採為茶寄生膏

翠翠　似蜯而殼翠閩大記翠翠以色名味美詢之海人不知有翠翠或蚌唇含紫者之稱耳

土銚　即土坯又名土杯似蜆而大形扁綠殼白尾吐

尾如豆芽其旁有毛產臺灣泉州海族志作沙屑味
佳榕城隨筆沙屑一名小蜆味極鮮美但恨太小不
堪咀嚼臺灣呼海豆芽或稱土銔匙凡殼石殼薄者
多鮮芳殼厚者多穠郁蒼按玉珧爾雅注曰蜃小者
一名玉珧可飾佩刀鞘詩傳云天子玉琫而珧珌是
也所云玉珧疑即土銚殼為之也

海紅　似紫蛤而大形惡剝之炒食紫蛤殼紫出連江

桃花片　似蛤殼薄如紙淺紅色鮮妍如桃花落瓣味
香甜出莆陽鹹淡水價不貴而品美甯波鎮海亦產

呼海瓜子又有紅栗似蛤而小色紅又名赤蜆臺灣
興化泉州皆產色味不及桃花片
蟟
三山志蜆方言謂之蟟蒼按蟟有黃殼烏殼二種
於潮汐往來之處耘泥如田以蟟種種之名曰蟟埕
出淡水浦溆溝圳者色黑
蚶
本草亦作魽又名瓦壟子説文云老伏翼化為魁
蛤閩書殼中有肉紫色而滿腹以其味甘故從甘嶺
表錄異曰南人名空慈子唐盧鈞尚書作鎮海南改
為瓦屋子爾雅曰魁陸海物志曰天臠蒼按蚶無子

種塭中自生瑣瑣然種之塘濼謂之養蚶肉硬檢諸
沙塭者其肉肥滿二都產者殼薄紋細其肉尤嫩凡
蚶稜皆十八道至絕大僅剩三稜如車之渠色明如
蜯治之則車渠也舶人有濯足而溺者日出視之知
為巨蚶所齧俟其開含以樹枝貫而曳於岸焊以火
取其厚者為車渠莆田惠安有大蚶廟榕城三牧坊
河邊有大蚶境以蚶為香爐道光乙未被無賴子所竊山堂肆考有青
郎魚形類海鯽而大齒如鐵鋸嚼螺蜯成粉海濱人
養蚶苗於塘濼之間青郎隨潮入吞嚼殆盡蒼按青

郎魚似海鱸（詳卷二青郎魚條下）

絲蚶　產長樂紋細微黑味遜於蚶

石蚶　殼厚肉粗遜於絲蚶

珠蚶　蚶屬之極小者殼黑有毛生海渚潮汐長落之處四月極肥至南臺下渡尾始傅以泥以其便於澆水以養之近物力漸竭所傅之泥視珠蚶過半矣以湯盪和香油蒜葱豉為美品或炒香糟

烏黏　或作烏蜣產於夏身長極小殼薄而綠紋晃晃彼此相連故曰烏黏乘日水入市每斤十餘文（近詹金極）

貴鮮者悉醃　此品竟絕　剔去鱁鮧炒食或湯盪和薑蒜豉香油

亦佳蔑者名烏黏乾五月求災後肥美異常恐染積

屍之氣勿食八閩通志云狀如殼菜而絕小生石上

須剗取之故名此說誤蒼按烏黏多出連江

黃黏　似烏黏而稍大殼粗葷味不及烏黏

烏投　似烏黏海人呼蝸條殼堅味甘中有毛蓋殼菜

之亞也不產淡菜之處亦有指烏投為淡菜者

石尊　出福清海山石中所產者此為最故名石尊或

作石蟳非彤似黃黏殼黃黑色而微厚生石上不多

得得者剪破緼裹之數十百粒成毬不爽即腐湯盪和香油葱豉酒為殽石之逸品

千人擘　狀如小蟳殼堅難擘酉陽雜俎謂之千人捏

赤脚　擁劍之屬又名桀步泉州福州稱赤脚莆田謂之港蟳三山志揭捕子一螯大一螯小穴於海濱潮退而出見人即匿搗為醬有風味（蟳之種類繁多生於石間者食青苔色多紫為上產沙水者色白次之穴泥中者色黑為下建寧縣東鄉深潭中出石蟳色紫醃之其滷絕美）八閩通志擁劍螯大小不侔以大者鬬小者食一名執火以其螯赤故也

朱蝦　產閩縣瀏崎鹹淡水處尾微帶朱色故名朱蝦
　味美但罕得耳
金錢蝦　產於夏殼薄膏黃醃食加薑勝長跤蝦蝦類
極多大小殊名皆夏出秋伏亦有退殼而浸大者凡
蝦屬皆取於沙塭中間有上緼者其螯糾結必傷緼
眼海人忌之諺曰下緼得蝦無物可賣
長跤蝦　海蝦之下品者產於夏色黑殼方脚特長醃
　食臨海皆產之
滷　產於夏似金錢蝦殼方而薄味次於金錢蝦醃食

加薑醋

倚　又稱步倚一步一倚小於滷海蝑之逸品凡蝑屬以鹽薑椒酒滷之貯甕中若見火則色黝而膏沙古法以皂筴半挺置其中藏之經歲不沙

蘆禽　即蘆蝑又名蘆根蝑形似蟛蜞生海岸蘆草間食茭蘆根以薄鹽番椒搗之味勝蟛蜞臨海水土記曰蘆雉似蛤蜊殼薄小耳蒼按蘆禽蘆雉一物也蘆蝑生蘆中稱之為禽為雉則可蛤蜊之小者稱雉似應作稚又（石鹽）形似蟛蜞　連江大灣當大海之濱

其山嵯峨立海上下有娘子洞窈而深娘子出入隱
見人皆見之洞前沙洲里許潮來則没水入洞中作
澒澒聲汐則沙明洞見人從洞頂下行沙洲中有小
蠏大如豆以爪畫沙作牡丹芙蓉芍藥蘭蕙松柏梭
櫛之屬色色皆工大樹高數尺小或一二尺甲專畫
花乙專畫榦丙專畫葉不謀而配合互妙真天地間
奇絶也潮至花木皆滅蠏潛入沙中潮褪復然水無
日不潮蠏無日不畫在娘子洞前者借工造化神妙
不測抑或娘子寄其靈慧於蠏耶

蟶　閩書耘海泥若田畝然雜鹹淡水乃經生如苗移種之他處乃大長二三寸殼蒼白頭有兩巾出殼外所種者之畝名蟶田或曰蟶埕或曰蟶蕩福州連江福甯州最大今甯德蒼按耘海泥使極滑名蟶蕩潮汐往來即蠕蠕如眉睫移種他蕩或分入蟶埕蟶田三晝夜即各立門戶豎兩飲露寢而飲泥潮至兩巾上仰無後竅故易大甯德最多有土蟶劍蟶之別蕘之曰蟶乾色黃焙之色赤其利最溥凡溪漲後積屍多旋入蟶埕其蟶驟肥勿食甯德有蒸蟶為油名曰蟶

油其味豐而清勝於蝦油

牛角蟶　形如牛角殼軟如皮色白出羅源海邊

指甲蟶　殼薄如指甲羅源甯德皆產之

竹蟶　似蟶而圓如竹蒼按竹蟶出塭中長者五六寸連江之百姓篠滬尤多大者如蔗以竹刺取之得之速置之易壞

石蟶　閩書生海底石孔中長類蟶圓尖上小下大殼似竹蟶而更紅紫石孔原小及蟶漸大孔亦隨大海人以小鐵鏨鑿石取之出鎮海衛明朝鎮海設衛蒼按石蟶

形如馬蹄味清又名馬蹄蟶

獨脚蟶　味美於蟶而小頭只一巾故呼獨脚

玉筋　蟶屬之極品產於春末長二三寸形如麥藁亦呼麥藁蟶殼薄而文細束以線站磁盆中微炆和香豉蘇油葱並湯食之或並湯煮粉麪早米仁乾味清若炒食要審火候福清有產惜不多

鸚鵡螺　江賦鸚螺蜁蝸注南州異物志曰鸚鵡螺狀如覆杯頭如鳥頭向其腹視似鸚鵡故以為名蒼按鸚鵡螺形如蝸牛頭淡青身白周遭雜赤色數稜磨

治出其精彩琢爲盃鴝鵒螺淮南子曰羸蠬愈蜀睍
注羸附羸也蠬細長螺也蜀睍目中疾述異記鴝鵒
螺殼小而厚黑色土人端午用之可明目蒼按八閩
通志鸜鵒螺青褐色即今花點之姑鳩螺閩呼鳩爲姑鳩又
紅螺米螺皆可爲醬
青螺狀類田螺其大如拳𥰭磨去其麤皮作翡翠色
爲酒盃工愈精愈可玩
辣螺鹹淡水螺也生海潭閒殼堅如石繞殼皆稜出
福州内港者尾黄尤佳出外港者尾白連江大鴻篠

渼提石尤多擣之並殼肉洗淨殺其辛辣之氣諒去
麤殼而留其含殼帶肉者以紅糟和鹽薑酒醃二十
餘日發而食之其風味在汁須並殼入口若欲速熟
加膏粱少許每末擣之辣螺一斤應用各種椒料須
詢螺州尚幹下江人方能恰好螺中逸品也

香螺

圖經稱流螺交州記作假豬螺大如盃長幾寸
本草云其靨名甲香大者如甌面前一邊直攙長數
寸圍殼岨峿有刺其靨雜衆香燒之益芳獨燒則臭
麝香本臭能發諸香烏梅本黑能爍諸色蒼按香螺靨研和諸香能斂香

氣產長樂者並尾食之照黄螺法搶糟尤美和椒料炒作湯皆次之或熟之再用酒豉蘇油葱燻切食

海螺　大如拳軍營吹螺是也有花黄花白二色

馬軻螺　即馬勒飾偶於海濲撿得之形如吹螺而特厚黄黑色獨竅口純白熟視之則現微紅光潤可愛蒼按馬勒飾並不貴重故其名猶存本草珂綱目稱珬釋名曰馬軻螺李時珍曰珂馬勒飾也玉篇珂石次玉也亦瑪瑙潔白如雪者一云螺屬也生海中黄黑色骨白可飾馬具一名馬珂螺集韻珂謂之珬吳

都賦致遠流離與珂珬註劉逵曰老雕入海所化西京雜記長安始盛飾鞍馬競加雕鏤皆用白蜃為珂紫金為花以飾其上

酥螺　即海蝸牛以鹽和蝦油醃之殼薄而尾肥者為上殼厚者味遜

研螺　凡螺之小者其殼或淡黃或白或花點形如龜殼而兩瓣中分不作旋轉者可研紙太者如盃小者如指皆呼研螺本草或呼研螺為文貝紫貝皆誤貝產外洋廣盈尺色紫夷人寶之俗呼寶貝於內地為

無用又有帽華螺形如醋鼈大如指色碧翠治以飾帽恍若貓兒眼近粤中以瑪瑙眼倬光貲作貓兒眼其光亦隨人日四射

珠螺晶瑩如珠鈿螺光彩如鈿皆可飾鏡背又福州外海產珠螺形如半豆醃食其聲似醋鼈

花螺大如拳而輕薄潤澤渾身深淺皆米色㲉上隆起如脊者凡二十道節節分明繞入㲉中餘則水波韡綿秀雅可翫粤東所出者尤勝於閩

土螺產福清海奎潴而不流衆垢納之曰海奎蓋土垢所結溝瀆中浮咂水垢俗稱慕螺是也形小如指甲㲉薄而多

沫以竹網漉而洗之醃以薄鹽帶沫貨之臨饌加醋
海物之最齷齪者或挑大者入香糟旬日臨饌調醋

簑螺　產鹹淡水形瘦削紋如簑呼梭螺者音訛也夏
秋肉滿截其殼尾三分之一盪拌豉葱蒜香油微帶
苦味亦逸品或帶殼炒紅糟

竹螺　產甯德大如簑螺殼薄脆其節如竹照簑螺法
盪拌亦美品福甯所產金蟳竹螺每從後路挑至建
郡不入福州

黃螺　殼硬色黃其黑而微剌者產北港味佳花點者

名花螺尤美凡螺之能屈曲者皆有一筋綰之啖者
去其筋湯熟之帶熱入鹽糟謂之搶糟炒與作湯次
之或熟漬香豉蘇油熱啖

吐鐵　殼似螺而薄一名泥螺産泉州鹹淡水

糍螺　大如指殼扁紅黑色上有斑點肉肥輭如糍産
泉州

醋鼈　産臺灣堅白如石背圓腹半有旋紋如螺形似
鼈而大僅如小豆之半藏數十年投醋中先吐氣如
魚之吹沫即逡巡而行本草稱郎公子云婦人難産

手把之便生生南海有雌雄狀如杏仁青碧色欲驗眞假口内含熱放醋中雌雄相逐逡巡便合即下卵如粟狀者真也亦難得之物李時珍曰顧玠海槎録云相思子狀如螺中實如石大如豆存箧笥積歲不壞若置醋中即盤旋不已按此即郎君子也宋周公謹曰長生之螺置之醋中則活嘉慶丙子先君房師陳公聖鑄廣東人以醋鱉二枚遺先君己卯先母林夫人育季弟柏薌分娩遲至五日取而吞之以和湯送下後從小兒左右手握出至今尚存後洋賈又遺數枚

羅源族兄維汪以其女每難産封函中寄致兒生兩
枚俱失詢之洋賈皆曰胎轉呑之必失後屢試果符
所云蒼按醋鼈形如福州魚貨所市之珠螺靨而差
扁腹下有旋螺紋和米藏之積年取二枚置醋中先
吐珠沫徐乃逡廵而行相遇即止並無下卵如粟之
驗蒼後於泥中檢珠螺靨試之亦如此蓋旋紋遇醋
驟得收歛之氣故能轉動其吐沫乃燥物遇潤其氣
上蒸無足異也郎公于諸説皆不足信　凡物非目
見皆不足信非善於體會即目見仍襲舊説海市不

止登州福清之江陰白嶼漳州亦時有之凡山澤出雲吐氣（如痒母之類）皆有定所如人之咽喉故海市亦然江陰場之下傳有車螯故有海市若白嶼漳州不產車螯何以亦有蜃氣竹窗筆記云晉江薛千仞云有友劉西來者為登郡司馬言之最詳云登有水陸二城蓬萊閣在水城內山麓閒觀日出與海市者多登馬遠望東海中長山大竹小竹沙門四島如列眉凡海市之初但見一島雲起直上如線三島先後應之漸合為一隨風搖曳縱之則為琪樹寶塔橫之則為

長橋連城斜之則有若長旙旗幟疊之則忽如樓閣亭臺頃刻變易絶無常態然皆在彷彿閒像之未可以聲聞色相求也若云人物飛鳥之狀特神其説耳更逾一二時雲氣愈盛布滿空中則注雨直至矣夏月為多中秋後不復可見觀者病其隱見無時不可必得劉公秩滿遷常德别僚友曰今日贈君輩以卜海市法但柱礎潤即見矣以是知雨徵也

天生海蛤殻　偶於潮所至山土中掘得之其暈微赤入藥尤靈　掘得者以數十斛計候官最石尤多

海錯百一録卷三

海錯百一錄目錄

卷四 記蟲 記鹽 記海菜

龍蝦附蝦蛩對蝦南鎮赤尾金鈎子 五色蝦 藁蝦 白蝦

黃蝦附節蝦 蝦姑 苗鮮附蝦鮮 海粉 龍蝨附龍蝨

沙蠶 海丁香 土鑽附海狼健土蠶沙腻 泥筍

附土蜂 土笛 海參 海蜈蚣 鳥蛇

鹽附細鹽煎鹽鹽樹鹽仔

石花菜附雞脚菜 虎棲菜附羊棲菜 鷓鴣菜 龍鬚菜

燕窩菜 鵞腸菜附蟳菜 紫菜附苔始菜石蓴 苔菜附涇

海錯百一録 卷四目録 一

苔　滸菜　赤菜附藍菜　舵菜　鱺菜　綠菜　神

黛　白薯附紫薯　烏菜

海錯百一錄卷四

侯官郭柏蒼蒹秋輯

記蟲

龍蝦　即蝦魁目精隆起隱露二角產甯德嶺表錄異云前兩脚大如人指長尺餘上有芒刺銛硬手不可觸腦殼微有錯身彎環亦長尺餘熟之鮮紅色名蝦盃北戶錄潮州出紅蝦大者長二尺土人多理為盃以蝦為盃非名盃也按閩亦製蝦殼盃蒼按甯德以龍蝦為燈居然龍也閩小紀云有空其肉為燈者貯火其中電目血舌未鮮火鬣如洞庭君擘青天飛去時以其大乃稱之為魁僕人陳照

賈呂宋船頭突駕二朱柱夾船而趨船人焚香請媽祖棍三擊如樺燭對列閃灼而逝臺灣海防同知孫元衡詩天妃神杖椎老蛟攘臂登檣叱魔祟自註名媽祖棍可驅水怪乃悟為蝦鬚南海雜志商船見波中雙檣搖漾高可十餘丈意其為舟老長年曰此海蝦乘霽曝雙鬚也洞冥記載有蝦鬚杖舉此則龍蝦猶小耳又有對蝦產羅源甯德長二三寸土人戇之兩兩相對可以寄遠味豐南鎮長二寸產福甯之南鎮淡乾以遠市葢以地名蝦赤尾小於南鎮天津呼滷蝦又有金鉤子小於赤尾味佳

五色蝦　長尺餘具五色鹹淡水有之梅蝦蘆蝦青蝦泥蝦皆產池澤及稻畦中

薹蝦　即鰝也其形似魚而鬚脚蝦也各島得者以肉僞江瑶柱爾雅鰝大鰕注鰝大鰕出海中長二三丈遊行則豎其鬚高於水面故其字從高鬚長數尺可以為簾蒼按凡蝦皆磔鬚鉞鼻背有斷節尾有硬鱗多足好躍腸屬腦子在腹外薹蝦僵硬其鬚有細刺古稱蝦鬚簾拾遺記蝦鬚長一尺可為簾今蜀中之中江簾細者稱蝦鬚言其細如蝦鬚未聞竟以蝦鬚

為簾也

白蝦　湖湘所出白蝦傳為美品產連江東岱百姓及福清甯德者得鹹淡水味尤豐香糟和薄鹽醃之或切厚片炒食福清興化泉州常市蝦麪可口

黃蝦　海濱皆產長二三寸醃入省會味遜白蝦又有節蝦節黑長與黃蝦等殼厚肉粗凡蝦殼薄脆者味豐節通明者肉細又蝦米漉小蝦曬乾出長樂梅花者白潤潔淨厂石以下次之帶溼者曰蝦飭又有蝦蚕羣蝦集海奩放子於水草承而薄醃之色青者味

美色紅者攙豆渣以薑蒜和豬油一沸即熟瘡疥勿
食防潰爛癢痛

蝦姑　一名管蝦以其足善彈又名琴蝦形似蜈蚣又
似鼉大者廣三指能食大蝦小者食小蝦炒食味豐
或為醢疥瘡最忌

苗鮮　漉小蝦醃以薄鹽名苗鮮和薑調醋生食或和
肉釘微蒸食又蝦鮮鹹淡不等村民山居年市數萬
桶

海粉　海蟲也諸書皆稱狀如綠毛龜無介純肉背有

小孔海粉出焉晴明收之則色綠陰雨收之則色黃蒼按福清所產海粉形似紽小而圓無頭足灰色隨潮往來飽則脂漫至淺沙撒粉粉從後竅溢出若蠶之吐絲停匀柔細狀類米粉而扁初浮於水久則糾結於沙漁人拾而陰乾之片片綠若側柏南貨鋪市之每兩價值百文廚人以此飾盤菜李時珍曰能化痰輭堅

龍蝨 福州呼水蟑螂泉州臺灣呼水龜形如蠐螬蟲閩小紀云龍蝨三十枚漳州海口每八月十三至十

五三日飛墜餘日絶無除面黝黚赤氣婦人貌美能
媚男子蒼梭龍蝨醃乾有䵷味去其翅足食者嗜之
不食者哇之周櫟園所云或別有一種詢之漳人無
聞也五雜組閩有龍蝨者飛水田中與竈蟲分毫無
異海錯疏龍蝨秋風暴起從海上飛來落水田中人
撈取油鹽製珍藏之閩人言是龍身上蝨或然耳又

龍蝨即海豬腸似蚯蚓中空兩端如一又似豬腸截
斷塊然柔輭盤結臺灣漳州朝朝取之味清脆在魚
菜之間

沙蠶 產連江東岱汐海沙中福州呼之為龍膳形類蚯蚓而其文如布經緯分明鮮者剪開淘淨炒食乾者刷去腹中細沙微火畧炸有風味其形極醜其物極淨

海丁香 俗呼泥蒂乾之如丁香燜肉美品每斤銀二錢六七分圓大者為泥卵連江羅源皆產之

土鑽 似沙蠶而長又海狼健土蠶沙膩大畧相同沙膩味清海族出沙中者味必清

泥筍 即土筍又名沙噀似蚯蚓八閩通志其形如筍

生泥沙中豬油和蘆筍炒又土蟶即蛾蛾又名海蟶與泥筍相似亦名泥釘去泥沙炒韮芽和淡醋食

土苗　即塗苗海蟲之極微細者海物異名記謂之醬蝦細如針芒波徒頃鬚若泥淖海濱人鹽以為醬蒼按今海人亦稱醬蝦色藍鹽醃可久不壞福興村民藉此下飯年貨數萬桶

海參　閩所產者不及外洋曰白參大者撲以竹籤小而圓黑者名牛腎以形名易爛無膠極小者味苦名水參

海蜈蚣　形類蝦姑膾食瘡痏忌

島蛇　島與千百蕪穢不治嘉慶閒蔡牽亂海上禁島有至今未開者小民竊入栽種其中何所不有蛇多而大青竹蛇最毒次則手巾花即白花蛇其皮條條然或白或黑次則蜈蚣蛇色微黃吹氣則項大而有聲能趨火逐人古云蜈蚣寄種於蛇目是以毒也惟烏蛇無無用俗呼老鼠檄能將爵鼠一口吞入水蛇亦無毒咬傷者以水洗即愈錦蛇長二三丈雜紅白花其皮可鞔琴櫃諺云一畝地三蛇九鼠凡蛇皆避鸛

鶴之聲故窮海裏山多畜鷲以看門蛇至冬輙含土入蟄及春出蟄則吐土於蛇洞挑其圖重如錫石者謂之蛇黄畫家用之故曰蛇黄不入口蛇黄有大如拳如椀者不知其蛇之巨幾何嶺海異聞載蛇異弘治閒船者二十人即山而薪山麓石潭深不可測日影西下山聲殷殷如雷升木而伺有巨蛇蜿蜒幾五里其色正黑兩目如炬山巔奮迅而下没於潭如雷者乃觸石崩隕之聲也有蜈蚣長可七尺騰躍而逐之旋潭踆踆尾端毒沫時時射潭内水色變如油抵

暮潭面火燄高尺許舶人熟視乃自蜈蚣甲閒出夜分循山而去光熣熣燭山谷遲明觀之蛇踡跼死潭閒蒼在將豁見牆根蜈蚣長七八寸其行如飛忽一暗蜂從蜈蚣頭上披拂而去閩呼稱蜂之綠色者為暗蜂以其能穿幽遠取食蟑螂也蜈蚣呆立如癡若有所俟暗蜂復來作對語狀退行蜈蚣隨之越牆而去博物志曰啄木能以嘴畫字令蟲自出魯志刪云今閩廣蜀人巫家取其符字以收驚療瘡毒也或云偷兒效其符使扃鑰自啟蒼山居日久審啄木所啄之處日日循序而啄一旦剝裂羣蟻紛散恣其所欲或從隙中取出牯蟲蓋以喙啄木辨其虛實旦旦啄之虛者自裂以喙作符之說皆附會耳蜈蚣至毒而畏暗蜂蠍子至强而

畏錢串物類相制有不可解者沈存中筆談云見一蜘蛛逐蜈蚣蜈蚣循籬竹裂隙而入蜘蛛以腹磨竹隙再三少頃破竹視之則蜈蚣斷爛不屬矣蓋蜘蛛布溺以殺之也物之以小制大理實運之耶閩書蚺蛇身大而行紆徐冉冉然也或曰鱗中有毛如髯陶宏景言出晉安稽康養生論蚺
蛇珍於越土酉陽雜俎蚺蛇長十丈嘗吞鹿鹿消盡乃繞樹則腹中之骨穿鱗而出養瘡時肪腴甚美所記乃摹擬山
海經巴蛇吞象劉恂錄異記蚺蛇身有斑紋如故錦纈春夏於山林中伺鹿吞之蛇遂羸

瘦待鹿消乃肥壯也其膽可藥埤雅蚺蛇尾圓無鱗
身有斑文如故暗錦纈似鼉行地常俯其首膽隨日
轉上旬近頭中旬在心下旬近尾蒼按據埤雅蚺蛇
即島中之錦蛇閩省山中亦有錦蛇但小於島產耳
凡紅蛇多產於宅之巳方及竈中島無之

記鹽

鹽　閩鹽凡三變宋元以前皆用煎法至明初始用曬法萬歷閒有以瓦片砌埕坎曬者今盡埕坎矣煎者花細微苦曬則花麤而味重然人力尚繁今純用埕坎人力簡而天功多久雨則產缺　用煎法者俟朔望前後潮退鹵壤經過烈日結生白花刮而聚之坑地為池茅襯其底而實杵之復穴其下為井有竅相通以蘆管引之取鹵花實於池淋鹹水循蘆管下注井中投雞子或桃仁浮則鹵氣重而可用矣別為土

斛於竈傍使土斛微高於竈乃瀉滷其中亦引以蘆
管乘高注之於盤盤者編竹加蠣灰為之蓋以竹為
釜也（蜀煎鹽井之水亦以竹為釜以紙布之引火井之火於釜下紙竹得鹹氣不燃不汕）大盤
日夜煎一百斤小盤半之三山志海水有鹹滷潮長
而過埕地則滷歸土中潮落日曝至生白花取以淋
滷方潮未至先耕埕地使土虛而受信既過刮起堆
聚用車及擔輦致墪頭掘土為窟名為漏坵以杵築
實用茅襯底滿貯土信取鹹水淋之堆實則取滷必
鹹旁用蘆管引入滷榥榥在漏坵之下掘土為窟以

受滷茅草覆之取雞子或桃仁置滷中浮則滷鹹可
煎築土為斛在竈旁以竹管接之旋盤如畎澮之流
盤以竹篾織用蠣灰塗復織釜牆以圍繞亦堅以蠣
灰蓋盆以受滷也大盤一日夜煎二百斤小盤一百
五十斤　用曬法亦為池與井聚鹵壤鹹者於池別
汲海水淋之滲漉入井滲盡去舊泥入新泥即以井
中水淋之如是者再則鹵可用乃取鹵置盤中盤以
密石砌治廣不過數尺一人日可得二百斤風和日
暖則易結近砌埕坎潮入曬之潮再至已成鹽矣莆

田場所曬者粒粗而色黑名青花福清場江陰場粒細色微烏洗之則粒愈細而糙白矣名曰洗白鹽力不及莆田場蓮河場曬者最白最淨蓋其地套入山内海風揚垢不至也蓮河之桂口東石曬者尤潔白霜⿰耳凡收者久貯則堅如鐵石上里場下里場亦産白鹽但鹵重不宜積壓甯德漳灣曬者稱細鹽羅源鑑江熬波成者稱煎鹽鹽樹即海樹産福甯叢生海邊本高一二尺至四五尺粗者若小兒臂細者如筋葉類冬青而柔輭潮上則沒頂潮落則出無花伐之燒

灰瀝水成滷可煎爲鹽色黄味微苦鹽至上游以蛤
殼燒灰淋滷煎之白如雪名鹽仔

記海菜

石花菜　生海礁上狀如鷹爪蘭長二三寸得日者紅背日者白薑醋拌食李時珍曰石花菜生南海沙石間高二三寸狀如珊瑚有紅白二色枝上有細齒以沸湯泡去沙屑沃以薑醋食之甚脆一種稍粗而似雞爪者謂之雞腳菜味更佳二物久浸皆化成膠凍也蒼按即雞跤菜性寒夏月煮之成凍福州暑天所市草凍肩挑人和水飲之即此菜無力役者勿食

虎棲菜　南越志生海上穗長二三寸許葉如蘭葅閩

書虎棲菜生海石上穗長二三尺許葉如蘭葳微翠色又羊棲菜生海石上長四五寸微黑色皆出漳浦

鷓鴣菜　連江志生海石上色微黑凡海產之菜多帶鹹味宜醋拌料蝦故李時珍於海菜亦有和醯之說

龍鬚菜　即麒麟菜李時珍曰龍鬚菜生東南海邊石上叢生無枝葉狀如柳根鬚長者至尺餘白色以醋浸食亦佳蔬也蒼按色白欲清則和醯欲濃則蒸肉

福建通志甕菜土人號龍鬚菜誤

燕窩菜　閩部疏燕窩菜竟不辨是何物漳州海邊已

有之燕飛渡海中翮力倦則擲置海面浮之若杯身
坐其中久之復銜以飛陳懋仁漳南雜記閩之遠海
近番處有燕名金絲者首尾似燕而甚小毛如金絲
臨卯育子時羣飛近汐沙泥有石處啄蟹螺食有海
商詢之土番云蟹螺背上肉有兩肋如楓蟹絲堅潔
而白食之可補虛損已癆瘵故此燕食之肉化而肋
不化幷津液嘔出結為小窩附石上久之與小雛鼓
翼而飛海人依時拾之故曰燕窩嶺海異聞海藏小
如鳩春回巢於古巖危壁葺壘乃白海菜也島夷伺

其秋去以修竿接鏈取而鬻之謂之海鷰窩隨舶至
廣貴家宴品珍之其價翔矣蒼按閩部疏所云擲置
海面浮之若杯者來降燕乃睇之燕防風雨則水無
小魚可啖以此為糧被風吹集海岸是已至血燕毛
燕兩種乃冬月海燕巢於海上山巖林中取者覆其
巢奇慘甚矣海燕大小不同皆能作窩儲糧於海旁
凡沙磧無淤泥之處所產海菜脂瑩輭膩嚼和魚螺
絲絲嘔出燕色純黑屬水并其津液摶成魚螺之味
漸化海菜之味漸加血燕毛燕及各種燕窩多至厦

門始製成片片獨越燕胡燕蛇燕急於哺子旦屢空
居故不儲蓄亙見卷五海燕條下

鵞腸菜　閩書生海石上長四五寸其薄如帶色黃漳浦多又（蟳菜）不種自生葉圓而厚藤相糾結又名浮藤產下遊臺灣和蟳作羹為佳子紫黑色可染布

紫菜　海潭皆產之名曰紫菜潭亙相傳買勿得竊採出興化及惠安小岞者最有風味福清產者亦佳三山志紫菜附石生海上色青取乾則紫其莖纖而希其味尤珍出福清者佳福州府志紫菜一名索菜吳

都賦綸組紫絳注紫紫菜也蓋其生黏帶石上潮浸則散鬖鬖然潮落復黏於石嫩者搓取之而成索長者摘取之則皆散生時色青乾則紫本草紫菜生南海中附石正青色取而挼之則紫色李時珍曰閩越海邊悉有之被人挼成餅狀曬乾貨其色正紫亦石衣之屬也蒼挼紫菜釋名為紫萸有大潭小潭之別大潭出者肥厚或挼為餅或糾為索潔淨無沙小潭出者薄弱散曬之沙多而味淡初出水青色見風日即紫不紫而仍青者下品也閩書苔垢菜紫菜取盡

就上復生苔衣狀類浮垢又有石蓴即紫菜之經曝
而不紫者味醬藏器曰石蓴生南海附石而生似紫
菜色青據此則石蓴又是一種

苔菜　如髮洗淨壓乾入鹽薑番椒香油和韮芽拌食
或以油微炸夾光餅閩書海苔綠色如亂絲生海泥
中其細嫩者名溼苔

滸苔　生海泥中似青海所出之髮菜髮菜三角滸苔
微扁出惠安灣西者味淡名淡苔。

赤菜　即鹿角菜海物異名記赤菜海生而紫蔓又其

大者爲鹿角菜又名猴葵南越志猴葵色赤生石上南越謂之鹿角以其莖有歧也三山志鹿角菜生海中亦能解麪熱（麪熱即麪毒也）蒼按鹿角菜大如鐵線分了如鹿角其色紫黃入湯盪之醋香油拌食乾之可以行遠醋拌如新又藍菜生海巖上味甜

舵菜 海舶舵上所生菌也味鹹微甘本草主治癭結氣痰飲潘之恒廣菌譜舵菜即海舶上所生菌也亦不多得蒼按舵菜形圓葉厚每於停廢老舵上得之曬乾則無幾矣其性流利舵旁生者有細蛆勿食食

之令人腫脹

蠣菜　閩書蠣菜生海中邊沙地上長半寸許成簇而綠蒼按蠣菜蕁菜皆以味稱紫菜味亦如蠣故閩人作蠣湯炮蠣必用紫菜

線菜　閩書生海中沙地上其長如線色微紅出漳浦

神黛　閩書生海邊泥泊上葉葱蒨如黛歲饑和米作粥食之出興化漳浦通志曰神黛異之也

白薯　即甘諸島嶼閒有野生者一莖延蔓至數十百莖節節皆有根莖附物而高有實如卵者有實如臂

者皆於土中掘得之亦有二月種之十月收者剪其莖亦可種皮白肉白者白薯皮紫肉紫者紫薯紫薯勝於白薯搗為泥和糖棗瓜子稱為薯泥劃為丸調各味稱薯丸蒸熟切而曬乾可充糧糗和米為丸或蒸為酒南方草木狀云南人二毛者百無一二惟海中之人壽百餘歲者由不食五穀食甘藷故耳四川梁山縣雙桂堂有黑牡丹一株其寺僧多壽蓋從山杞菊水入飲益建甯縣某鄉男女皆壽從淘井取出綠毛大龜自此鄉少壽者

烏菜　附海石生以色名羅源甯德人取以入饌凡海

邊及石上所產各菜均乏辛芳之氣

海錯百一錄卷四

海錯百一録目録

海蘆　海薹　海蒲　海藻　海葛　梭葛　石帆

石龍芻　占風草　水燭　蔄箐　臭草　雀梅

建水草　野籐　藚　醉魚草　篛竹筍附荏筍

龍牙草

海錯百一錄卷五

侯官郭柏蒼蒹秋輯

附記海鳥

海鷂　大如鷹蒼黑色尾稍短善擊鳧雁蒼按俊而大者謂之鷂或畜以擊鳥羽毛麤重鼻根黃如蠟色謂之蠟鼻

海鶻　八閩通志海鶻方言魚鷹也蒼色似鷗攫魚而食之蒼按正字通鶻多義冬撮鳥之盈握者夜燠其爪掌旦縱之禽經曰鶻不擊妊酉陽雜俎鶻生三子

一為鷓埤雅鶻拳堅處大如彈丸俯擊鳩鴿食之鳩鴿中其拳墮空中即側身自下承之捷於鷹隼蒼按鶻從骨即以其拳堅也每從高處側下其疾如風故曰鶻落所擊之鳥恆墜地不若鷹之捕而遠颺也

海雉　禽經朱黃曰鷩雉白曰翰雉黝曰海雉海雉曰秩秩如雉而黑在海中山上蓋即夏小正所謂黝雉也蒼按鳥得氣薄故山陽山陰而色異草與蟲得氣尤薄故各肖其山形各如其山性島產之雉文彩不及山雉且多牝村人毋雞抱卵若無雄即以雞卵塗

竈煙從竈腹向突穿出祝曰無雞公穿竈公母雞抱之二十日出卵皆黑色但多雌耳氣薄有感即化也皮卵燒松柴爨者卵白現松花燒竹木爨者卵白現竹木四蹏之獸及時而配有感即姙且鮮有不育者𤍏雉蛇蟠向壬鵲巢面歲燕伏戊己虎奮衝破此亦鳥獸之所以靈也蒼按鳥獸各有一能者其受氣薄也以指揑蜂必螫其技絕矣

海鴇　李時珍曰鴇水鳥也似雁而斑文無後趾惟不木止其飛也肅肅其食也齝肥腯多脂肉粗味美又曰不食鴇奧奧者脆脛也深奧之處也蒼按鴇無後

趾其罕棲於木者勢使然也閩語鵠無舌兎無脾蒼
在海濱未聞鵠鳴詢之土人則曰無舌後讀吳兩鳥
獸草木攷引閩語鵠無舌兎無脾乃知其語舊矣或
云純雄無雌與他鳥合或云鵠見鷙鳥激糞射之其
毛自脫也荔支蟲名石背側兩肩出尿射人果子貓之白尾者福州名白尾猾獵犬逐急則後
竅出氣以媚之犬聞氣逡巡草間而猾遁矣萬類各挾其智以為生也凡鳥雌雄存者
雙飛雙集無異類之感孤棲則他鳥强配抱成無名
之卵獨雁可稱孤雁故古者奠雁喜雀抱二卵一雌
一雄四卵二雌二雄若三卵五卵其奇者皆隼也隼

大即吷雀雛故雀母見隼乃徙巢而分哺之予屢視巢雀始信其然鶻生三子其一爲鴟舉凡奇卵皆異類西域記皁雕一產三卵者内一卵化犬短尾灰色與犬無異但尾背有羽毛數莖耳隨母影而走所逐無不獲者謂之鷹背犬

海燕

燕之種類不一皆籋口布翅歧尾而黑色其小而多聲春夏再乳秋社引子歸海外者名越燕亦稱紫燕又名漢燕頷下紫色巢於門楣又胡燕大於越燕臆前白質黑章又有巢懸於大屋兩榱閒長可容

疋素者謂之蛇燕來巢令人家富陶隱居曰紫胸輕小者越燕胸班黑聲大者是胡燕元中記胡燕班胸聲小越燕紅襟聲大本草謂鷹鷂食燕則死能制海東青鷂故有鷙鳥之稱蒼按燕翼長能抱雛故稱燕翼凡鳥翼長而有力者摩空否則斜飛側出燕近人且下上無定故摯鳥不能擊海島之空嵌者燕與蝠皆冬蟄之文昌雜錄云海崩見蟄燕不爲僞說海燕純黑與越燕胡燕蛇燕異甲午九月蒼與劉芝川墨莊對坐忽昏黑以炬至主客不知所謂始疑笪日繼聞啁嗃聲知爲海燕此鳥海風將作則先羣

飛而夜鳴但不知飛集何處耳沙燕身小飛似蝙蝠
魚所化

海鷗　嶺海異聞海鷗似鶖而大不識人舶過嘗集人
肩頂人輒捕而烹之傳曰海上之人有好漚鳥者每
旦從漚游至者百數其父曰取來吾玩明日之海上
漚舞而不下蒼按此雖寓言然鷗之性閒逸近人上
游溪流漣漪之處船人盪槳浮鷗對對唼糵水附舟
而行所以得全者以毛豐肉瘠耳興化九鯉湖鷗帶
粉紅色唐時貢芙蓉鷗十二是已

海雞　嶺海異聞毛色如家雞惟雙足鼇類爾蒼按海濱雞多與異類交接雞卵勿食雛之異狀者勿烹近水之處雞多應潮臺灣有潮雞福州謂之水漲雞輿地志愛州移風縣有潮雞述異記以為伺潮雞又臺灣有五鳴雞其鳴應更

海鳧　李時珍曰鳧東南江海湖泊中皆有之數百為羣晨夜蔽天而飛聲如風雨所至稻粱一空陸璣詩疏云狀如鴨而小雜青白色背上有文短喙長尾卑脚紅掌水鳥之謹愿者肥而耐寒異兩鳥獸草木玫

鳧水鳥也一名鸍一名沈鳧似鴨而小青灰色長尾背上有文數百為羣常在海邊食沙石皆消爛惟食海蛤不消隨其糞出又海中有一種冠鳧頭上有冠乃石首魚所化也吴地志云石首魚至秋化為冠鳧頭中有石是也凡作冠鳧皆冠鳧之誤並宜冬月取之又一種身圓似鷗隨潮往來者名信鳧色淡青信鳧即鷺詳下晉書張華傳人有得巨鳥毛長三丈者問之華華愀然曰此海鳧毛也出則世將亂北京顔料庫有鳥毛長數丈人從管中匍匐竟首尾

海鷁　江海船頭所畫鳥也似鷺鶿而尾長李時珍曰一種鶂鳥（應作鷁）或作鷀似鸕鷀而色白人誤以為白鸕鷀是也雌雄相視雄鳴上風雌鳴下風而孕口吐其子莊周所謂白鶂相視眸子不運而風化者也昔人誤以吐雛為鸕鷀蓋鶂鷀音相近耳鶂善高飛能風能水故舟首畫之

海鶴　長頸竦身長脚青翼頂赤身白頸半黑常鶴高三尺餘喙長四寸海鶴尤高夜潮風生鳴於禁島而不可迹閩書海鶴方言魚鷹也恐誤嶺海異聞海鶴

大者修項五尺許翅足稱是呑常鳥如餒魚成化間
有至漳州者漳人射殺之復有以頂貨者類淘河鵝也
而銳味雄大雌乃畧小晝啄於海暮宿巖谷間島夷
豫以小鏢付猇按猇音寵猇人出於暹羅之崛巄短小精悍圓目而黃精性專戇不識金
帛不食如猿猱古樾蒙密者率數十巢蓋舉族所聚
也語咿嚶不可辨山居夷獠每諳其性常馴擾以備
驅使蒙以敝絮食以經歟飲以漓酒卽躍然喜似謂
得所主者舉族受役至死不避雖歷世不更他姓嘗
役以採片腦鶴頂皆如期而獲其山多犀象主者利
其齒角授以毒鏢猇挾以歸遇犀或象輙往刺之升
木而匿犀象或怒且索毋得也移刻毒發而殪猇乃
羣聚叫嘯若誇其捷者相戒聚以守經月犀象且腐
所遺如牙如角齒則負以歸猇角乃一猇肩之以輸
其主遇奪他姓亦至死弗畀也舶人編竹爲籠紓深

其制置所必由之徑機而取之以獻於夷王王大愛玩酬以蘇方木至數千斤猶衣被以番錦飼以嘉實置之爽塏被以非其主終不附也然稍近煙火淚口死爾月夕則伏於鶴常宿所擇其大者而剌之平旦有獲五六頭者島夷乃剝其頂售於舶賈比至閩廣價等金玉蒼按海鶴與鶴異鶴足黑海鶴足白南通州呂四場所產鶴足皆綠海鶴鳴則羣蛇集海鶴年久蛇毒聚頂上腦骨皆丹所製鶴頂紅鐲舶舶恆於廈門貨之或云丹處有毒舐之傷人本草以鶴糞能化石然皆未驗

海鷃哥　諸志皆云黑喙綠羽足亦鸚也蒼按海鷃哥

黄魚所化小而綠毛兩指向前兩指向後與鸚哥同閩小紀所云倒挂鳥遍體嫩綠腹背之毳雜五色注距皆赤曲肖鸚鵡但小僅如雀者又是一種亦產海上

海八哥　臺灣志八哥黑身紅項綠足亦名田雞蒼按鸜鵒一名寒臯斷舌可使能言南唐李煜謂之八哥酉陽雜俎曰八哥交時以足勾足鼓翼如鬬往往墜地俗取其勾足為媚藥福州呼純黑者為八哥呼差小有白毛者為烏鵠泉州呼烏鵠為番鸜鵒八哥剪

舌能言每歲霜降前一日羣避入山谷至霜降過時方始出谷故畜八哥者於霜降日並籠懸入井中不然殂矣臺灣志所稱田雞紅頂綠足者又是别種

海鷺鶿　產興化海面形同江產者俗呼金翼

海雞母　黑色綠脚如母雞產臺灣海嶼

蒼鶴　其形如鶴而首似雞興化泉州呼蒼鶴臺灣澎湖呼鴇雞十數成羣色蒼昂頭高五六尺夜宿海嶼晝獵食田野蒼按正韻鴇水鳥也爾雅鴇麋鴰子虛賦雙鶬下正義曰鶬似雁而黑韓詩外傳鶬胎生也

正字通鶬大如鶴青蒼色亦有灰色者長頸高脚頂無丹兩頰紅閩西呼鵚鹿山東呼鶬鵚南人呼鶬雞江人呼麥雞泉州興化有馴畜之者不下卵亦不聞胎生宋史陳洪進在泉州日方晝有蒼鶴翔集内齋前引吭向洪進洪進視之有魚鯁其喉即以手探取之魚猶活鶴馴擾齋中數日而後去

白鷺　爾雅鷺舂鉏李時珍曰水鳥也林棲水食羣飛成序潔白如雪頂有長毛十數莖毿毿然如絲欲取魚則弭之名曰絲禽蒼梧俗說鷺雌雄相隨受卵相

盼則產蓋誤以白鷺為鸕鷀又指鸕鷀為鵁鶄詳上鵁條下鷺居海邊洲渚閒純白者為白鷺閒有頂毛黃色者亦有背黃翼黃者皆鷺也每以清明前飛集衙署廟宇大樹上附會架巢兩次育卵身瘦而鰷摯鳥不擊必擇人煙周密而處者防鷹鷂搏其雛也白露後引子歸海曲

探鶒　亦水鳥黑色與鷺共魚而巢居性貪饕禽經云鶒飛則霜鷺飛則露是也白露鷺歸島霜降鶒入宅俗呼探鸛蒼按李時珍曰鵜水鳥也高頭高脚羣飛

可以候霜據此則採鷄亦名鴿按採鷄卵生與韓詩外傳鴿胎生者異

火鳩色紫黑具斑文項下赤千百為羣一飛百飛一集百集鰉魚所化互見卷一鰉魚條下

呼潮色蒼似鴿潮至即鳴亦水漲雞潮雞之類延平城中雞夜夜二鼓即鳴見書影福州以雞初更鳴者為報喜二更鳴者為報死及其首懸市中母雞生雄毛能鳴蒼所親見凡母雞鳴者腹中有腎實雄也臺灣產烏鶖亦能報更白鳩產咬嚼吧能報候臺灣亦傳其種興化候潮草葉間有莢如榆莢潮至則開退則合

天鵝江產者大於鶖海產者高如童子脚近尾罌禽

經云脚近髀者能步飛鳴則一一橫天育卵蘆洲人

或取之腥不可食飲膳正要所云天鵞有四種非是一名鶖鶬

翠鳥　亦名鷸爾雅釋鳥翠鷸疏李巡曰鷸一名翠其

羽可以為飾又一種赤足黃文曰鷸蒼按福州呼翠

鳥者即翡翠八閩通志雄赤曰翡雌青曰翠埤雅云

鷸也名前為翡名後為翠性善捕魚故又名魚虎亦

名魚師閩海所產者差小而翠不及外洋俗呼魚狗

北風捲蚌上沙岸蚌死者狼藉赤足鳥食之誤啄生

者即所謂鷸蚌相持矣海濱有鷸蚌相持問答

紅公　瀕海皆有之亦能捕魚音似擊鼓諸書皆云啼則血如子規故名蒼按紅公即布穀福州呼黃蒣紅公黃蒣音之僞也啼則血如子規又因紅公而曲爲之説

秃鶖　古今注扶老秃秋也蒼按秃鶖狀如鶴而大青色長頸赤目舉頭高七八尺頭頂無毛項紅喙黃長尺餘而扁直其嗉下有胡袋足如雞能與人鬬諸書皆稱其毛辟水毒

水鱵　似鳧而小蒼白文脚連於尾不能陸行其膏瑩

刀劍不銹即鷿鷉也

鷖　蒼黑色䲶屬䲶好沒鷖好浮故亦名漚常以清明至卵於洲渚似雞卵而色青羣飛至岸亦主風漁者渡者視以為候數百為羣其來蔽日潮至則翔水嚮以為信謂之信鷗蒼頡解詁曰鷖鷗也生卵於荷葉上名水鷚形色似鴿而羣飛風土記鷖鷖鴨也以名自呼大如小雞蒼按福州諸溪及小西湖所出之水攢又名水壺蘆是也

虎鷹　大如牛翼廣二三丈能捕虎豹見紅色則避海

濱孩童着紅衣袴以避野禽摯獸志載鼓山僧見其攫二大羖羊飛去捕虎之説亦或有之廣志胡鷹獲麞虎鷹即胡鷹本草曰雕能搏鵝雀獐鹿犬豕又有虎鷹翼廣丈餘能搏虎也

鬼車　或呼鬼鳥嘴頭俱長三山志似鵬而小一名梟一名鵂鶹夜飛晝伏又名夜遊女又名鬼車三山志蓋以狐猿為鬼車狐猿福州呼貓黄鳥漳平甯洋呼貓頭號或呼哈唏崇甯二年沙縣有異鳥集陳正敏舍明年巢天王院如嬰兒聲僧惡甚探巢得一雛烹

而食之是歲正敏喪父鄰居人與寺僧死者數十或云即賈誼所賦鵩鳥也鬼車亦非梟閱書鬼鳥海中出嘴頭脚俱長海濱人群掩之真所謂肉味不足當鼎俎雞肋不足安尊養可憫甚矣然所以得群掩者掩其一則不呼不翅以致大衆俱羅不知其愚乎抑其自相毒誤也蒼按鳥之鬼車魚之横攤排皆物之赴刲福州呼一無所用之人為鬼車

九頭鳥　立海沙中不近人一首獨高八頸瘦短環列如葱管其首鳴則八頸噴血污氏脊者不祥相傳只

此一鳥殆妖物罕見耳嶺海異聞飛頭蠻亦海山中鬼物也居處嗜好與人無別夜則首飛去頭實織物歸則身首屬而然之惟頸下微痕如紅線耳暹羅島夷有娶婦得此者其夫惡之或敎以俟其首去置身於地以小刀刺喉頭一閒頂之首歸不合宛轉而死偶記小說云某人家生一子自然無首則鄉飛頭者豈亦沴氣適然所鍾耶有人嘗言海外奇事有納婦者婦每夜從牀前入地去飽食魚蝦而返衣猶沾溼其夫欲逐之不果後生子一如常亦無他異蒼按窮海婦人多異狀其陰戶上垂肉如簾福清許友竹為予言又嶺海異聞祭酒泰泉黃公志云親見香山縣深林中有物如嬰猿而躶自藤蘿中攜手魚貫而下相挽不斷見人輒笑至地而滅土人謂之赤蝦亦無所怖及閱雙槐集所載亦與此合道光丁亥蒼隨先大人往漳平憩山麓見一婦人高八尺穿藍衫而跣足雙珥如栗桃二木桶高大亦非常從輿前過詢上人曰山神也其狀如此

過冬鳥　閩書泉州每冬有鳥從海外來宿食百千無
算名過冬鳥居民以冬至三日放風箏黏之
舶鴿　三山志舶鴿似鳩而差小諺謂千鳩不如一鴿
言美也編角如笙繫其尾高飛雲端聲似鳴鏑而委
蛇善識主人之居舶人籠以泛海有故繫書放之以
歸蒼按舶鴿目金色即今之夜游鴿海渡有日主之
名日主者今日首先載客之渡船也次曰日次明日
之日主也來去傳信人力不及故用舶鴿
鵁鶄　身似鳧而稍圓脚似雞產鹹淡水福州五虎以

内皆有之可畜其味不腥故作饌生㶉之勝水鴨三山志鵁鶄水鳥人家養之可壓火災馴擾不去郭璞曰鵁鶄似鳧而脚高有毛冠辟火災或曰鵁鶄鵁也異物志鵁鶄巢於高樹巔生子未能飛皆銜其母翼飛下地飲食通作交精（蝙蝠胎生其子小如豆口銜母乳隨飛上下蒼於風颱中得之見其然也）

鬼雀　即烏之大喙者或白頸越烏龍江始有數百集樹澈夜飛鳴驚噪令人不寐故呼之為鬼雀

黄褐侯　或呼青雖狀如鳩而綠褐色聲如小兒吹竽

蒼按斑鳩是處有之或言春分化為黃褐侯秋分化為斑雛據此則以鳥化鳥亦鷹化為鳩鳩化為鷹之類海邊沙洲鳩類最多有小而灰色者有斑如梨花點者有珠斑者雄者三鳴之後復繼一聲雌者止於三鳴雄欲感雌先向雌前三呼三俯三仰每在巢中鳴人因捕之古人所稱鳩蓋涸鵴與斑鳩也雀巢鳩處之鳩鵴也鳴鳩拂其羽之鳩斑鳩也斑鳩翼重不遠颺飛則腷膊有聲拂其羽三字繪出斑鳩一段鈍拙形態蔡氏月令章句鳩鶻鳩也鳩先是時鳴故稱

鳴鳩拂猶搏也陽氣所感故搏羽高注呂氏春秋季春紀鳴鳩斑鳩也是月拂擊其羽直刺上飛數十丈乃復荅是也其說尤妄或指鳩為布穀布穀似喜雀尾長而黑福州呼黃辭以其色黃而聲如鼓故名飛似喜雀拂其羽三字不足以狀之

撒尿鳥　形似雞雛飛集桅杆尿如瀉水傳為溺人所化亦鬼物也船人急禱於天后以媽祖棍向前和之飛去則舟亦無恙近航海多輪船水火騰躍怪物不敢近但終險耳

附記海獸

海獺　形似獺大如犬而短脚脚下有皮如胼拇其肉腥臊海人剥其皮為帽為領但南風發潮易爛而不蛀又一種大倍於獺毛稍黑亦岸宿水食以鋭䰈之肉可食蒼按如淯注博物志云海獱頭如馬自腰以下似蝙蝠其毛似獺大者五六十斤亦可烹食是海獺之大者又名海獱孟子注獺獱也是以獺獱為一物集韻或作猵音賓獺屬似狐青色居水中食魚揚雄校獵賦蹈獱獺師古曰獱小獺也是又以獱為小

獺矣今海濱大獺頭似竹鼺有黃色有黑色有黃黑色如淯所謂頭如馬者或出外洋

海虎　鯊魚所變春晦鯊魚上沙嶼不飲不食旬日化為虎惟四足經月乃成其文直而疏且長文彩亦闇淡（或云虎鯊曝日中數日亂滚即化為虎）互見卷一鯊魚條下

海鹿　鯊魚所變以牝牡畜之亦能生育閩製全鹿丸者恆以此味仍鯊魚形變性不變也互見卷一鯊魚條下

海鼠　嶺海異聞稱海鼠大如豕重百斤目正赤然猶

畏貓道光間祀紫華病卧見鼠入貓窠攫其三子後紫華卒物理之背亦不祥之徵此乃外洋之鼠今臺灣後山之鼠不知其若等大禁島中所出之鼠亦重十餘斤黃色晝入水取魚夜齧蘆根常鼠匿船中及釣船者或黑或黃種類不一蓋下椗時從海岸逃入也龍巖汀州於屋下砌磚畜鼠爲鬺客佳品產母必食鴿及鼠夜間有挾鐵鋕執油捻向溝隙捕鼠者其術百發百中以鐵箝去其齒納籠中市之

魚 小雅象弭魚服傳魚服魚皮服也蒼按魚獸名生東海中一名半體魚其狀似牛剝其皮懸之海潮至則毛起潮去則毛伏陸璣云魚服魚獸之皮也魚獸

似豬東海有之其皮背上斑文腹下純青可以為弓
韇其皮雖乾燥以為弓韇矢服經年海水潮及天時
雨其毛皆起水潮退及天晴其毛伏如故雖在數千
里外海水之潮自相感也蒼按人魚美人魚海和尚
魚海豬魚海狗魚皆無毛無鱗而四鰭魚屬也皮外
有毛獸屬也海驢海騮之類是已海驢海騮皆產外
洋

附記海草

海蘆　隨在有之長丈許中空皮薄色白者葭也蘆也葦也短小於葦而中空皮厚色有清蒼者菼也薍也荻也萑也其最短小而中實者蒹也薕也皆以初生已成得名蘆一名葦一名葭花名蓬蕽筍名虇葉四向而中垂心抽幹長丈許中虛皮薄色青老則白莖中有白膚較竹紙更薄身有節如竹葉隨節生若箬葉下半裹其莖無旁枝花白作穗若茅花根若竹根而節踈堪入藥（海蘆皆覺不入藥）荻一名菼一名薍一名萑

初生為菼長大為亂成則為萑或謂之薍至秋堅成謂之荻其初生三月中其心挺出其下本大如箸上銳而細揚州謂之馬尾蒹一名簾似萑而細高數尺中實是數者皆蘆類也其花皆名芀其萌名虇堪食如筍可煮食亦可鹽醃海人謂之菌菜按菌又蘆之一種用以被屋能歷數十年畬人不瓦其茨屋者即菌也蒼按海濱蘆荻之類巨者可為杖海鳥織其葉而薦其花晚則啾啾然葉落海面鷗宿焉

海薑 廣羣芳譜生海中狀如石龍芮有大毒蒼按海

薑似水蘄（詳閩錄異）產凡山谷自生之薑辛辣非常乃大地金氣上升所結不可誤食猴薑即骨碎補可入藥亦視其所附何木

海蒲　叢生海渚間似莞而褊有脊而柔初生出水取其中心入土白蒻如匕柄者生啖之甘脆又醋浸如食筍亦美至夏花抱梗端謂之蒲槌藥之蒲黃即花中蕋屑細若金粉欲開時便取之八月收其葉以織蓆或曲梭之名海袋以裹貨裝船出洋

海藻　有二種皆可食馬尾藻生淺水中細黑色又大

葉藻生深海中葉如水藻而大海人沒水取之五月以後有大魚傷人不可取也爾雅薄海藻是也

海葛 自生之葛引蔓長二三丈其根外紫內白葉有三尖如楓葉而長面青背淡秋採剝其皮漬而搗之織爲葛絺其色非黃非白出海南者佳名曰海南葛

椶葛 斷腸草也擘其葉平分而斷如椶所織故名本草稱鉤吻或呼為胡蔓草或稱為野葛或曰冶地名蒼按福州所云椶葛蔓生葉似夜來香或曰夜來香火其根再榮即椶葛再火其根又變為夜來香未試姑存其說而光潤又如荖葉荖葉者

包檳榔子葉也羊遇梭葛並根嚙之故誤服者灌以生羊血嘔盡則生不得羊血先入蕹菜汁或鴨血或綠豆漿其葉日午或自搖獨活有風不動無風自搖路石天雨獨乾日出獨濡此亦物理之不可解者作相招狀相傳為梭葛鬼所弄數十年來見死於梭葛者村婦十之九薪者來梭葛於柴草中其鬼夜吟唧唧然焚之即絶羊食百草獨誤食躑躅即死

石帆 高尺餘生海底無葉而花其狀如柏根黑如漆乾浮水面人或得之以下藥蒼按石帆根赤色稍上漸輭作交羅紋梗大如筋土人飾作珊瑚裝吳都賦

草則石帆水松劉淵林註石帆生與石上草類也無葉高尺許其花離樓相貫連若死則浮水中人於海邊得之稀有見其生者

石龍芻　即龍鬚草一名龍修一名龍華一名龍珠一名懸莞一名草續斷一名縉雲草一名方賓一名西王母簪蒼按石龍芻叢生狀如龍常草即燈心草其莖直上夏月莖端生小穗結細實並無枝葉有自生者亦可栽種島嶼間多有之惟較他處所生麤大耳閩書此草生水石之處可以刈束養馬故謂之龍芻揉述異記

東海島龍川穆天子養八駿處也島中有草名龍芻馬食之一日千里古語云一株龍芻化為龍駒此乃因八駿而附會其說閩書以石龍芻為龍芻誤矣本草割草包束曰芻今海濱以蒲葉並石龍芻包裹船貨

占風草　福州呼風颱草其葉如竹一一離披然歲有風颱二三月時其葉即横折無折則六七月無風颱樸荔枝龍眼橄欖為生者每視此為進退多驗臺灣志所載風草春生無節則經年無颱風生一節則颱風一次二節二次多節多次甚驗一統志知風草廣東出叢生若藤蔓土人視其節以占一歲風候每一

節則一風無節則無風臺灣廣東所稱風草知風草與福州異福州風颱詳卷一鰳魚條下

水燭　產海壖葉如蒲花如蠟燭肉如絮能止血鎗刀傷用亦可治金瘡澤中亦產山產者名山蠟燭外孫女陳閩瑜從古方中鈔出湯火方歷試奇驗附錄於此用生地榆洗淨研末調淨麻油敷無麻油用淨茶油甲中年雷火燒二人以此試之亦效爛橘貯瓦甕中湯火塗之亦奇驗

蘭箐　生水邊冬枯春即其本再榮抽花如蓬蒿性寒其葉離披雨旁如鋸齒傷手足痛不得了土人呼極不爽快者爲蘭劉村人以水浸輭東菜蔬用編泥壁

亦用之老屋取出煎湯治血蒼按蔺箐即壁竹
臭草 生水邊極臭治蝨瘡爾雅蕕蔓于本草註其氣
蕕臭故謂之蕕蕕者蕕也朽木臭也
雀梅 名醫别録雀梅味酸寒有毒主蝕惡瘡一名千
雀生海水石谷間
建水草 即石韋圖經本草生福州枝葉似桑四時常
有土人取葉治走疰風痛又按本草石韋生石上葉
如柳背有毛而斑點如皮福州别有一種石皮三月
開花採葉煎湯浴治風蒼按今人多誤以石垂為石

皮石垂詳閩產錄異

野藤　禁島中積年糾結緣木石而上者三四十丈大如桶木槁藤存以有蛇蠍穴其中竊入種地者焚之謂之燒山不敢以爨

蕢　三山志蕢生三稜江生者為淡蕢近海者為鹹蕢土人以為纜為蓆為屨蒼按即鹹草索鹹草蓆鹹草屨也論語荷蕢孟子為蕢俱訓草器疑即草包北土無竹器故以草包乘土

醉魚草　本草綱目醉魚草一名鬧魚花一名魚尾草

一名槐目南方處處有之多在塹岸邊作小株生高者三四尺根狀如枸杞莖似黄荆有微稜外有薄黄皮較易繁衍葉似水楊對節而生經冬不凋七八月開花成穗紅紫色儼如芫花一樣結細子漁人採花及葉以毒魚盡圉圉而死呼爲醉魚兒蒼按海濱有莽草即本草所稱鼠莽亦能毒魚又有毒人而鬼爲役之水莽草福甯府出鼈藤臚藤俱可毒魚癆嚶集載嘉靖閒崇安星村藍源居人將毒溪以取魚有老人鬚髮皤然詣首事之室曰九曲溪不可毒中有神

物居之其人曰藥已具矣衆蜂集吾一人豈能阻老
人悼歎不已留膳辭以持齋乃以豆腐及莧菜進食
已謝去衆放毒得大魚重百餘斤剖之見豆腐莧菜
在焉衆驚悔不數日首事暴卒尋大疫死者甚衆漳
州府志詔安龍潭深不可測魚大者可數百斤鄉人
常斂社錢市藥毒魚恆毒而遇雨明嘉靖吳董齋時
值鄉賽鄉人復醵錢董齋方閉戶有欵扉者容貌甚
古問鄉人將毒龍潭魚魚待命先生固無脫者然以
口腹故多戕物命魚亦何罪先生宥之董齋謝以勿

藥固善然此鄉人事且器與藥畢具恐雖其不能止也授二麪果客啖之悵然而別後村人果大得志於龍潭擇其最巨者以壽吳先生剖之腹中麪食具在乃知向者客固潭中魚也

篾竹筍　生海島間即毛竹所生之毛筍殼有毛如麻筍其毛刺人則死又萑筍亦有毒本草經注陰命生海中赤色著木懸其子有大毒

龍牙草　莎也其根即香附子說文莎鎬侯也廣雅地毛莎脩也莎古作[illegible]漢書地理志[illegible]題縣本草莎草

一名蒿一名侯莎亦作莎侯蒼按龍牙草耐水旱樂延蔓雖拔心隕葉一燒再燒其根四出圃於島者惡其佔亂畦蔬以生油蘇糝之油蘇榮則莎根絕

海錯百一錄卷五